Bilel Khamessi

Existence des solutions d'un problème de Dirichlet semi-linéaire

Bilel Khamessi

Existence des solutions d'un problème de Dirichlet semi-linéaire

Existence et comportement asymptotique

Presses Académiques Francophones

Impressum / Mentions légales

Bibliografische Information der Deutschen Nationalbibliothek: Die Deutsche Nationalbibliothek verzeichnet diese Publikation in der Deutschen Nationalbibliografie; detaillierte bibliografische Daten sind im Internet über http://dnb.d-nb.de abrufbar.

Alle in diesem Buch genannten Marken und Produktnamen unterliegen warenzeichen-, marken- oder patentrechtlichem Schutz bzw. sind Warenzeichen oder eingetragene Warenzeichen der jeweiligen Inhaber. Die Wiedergabe von Marken, Produktnamen, Gebrauchsnamen, Handelsnamen, Warenbezeichnungen u.s.w. in diesem Werk berechtigt auch ohne besondere Kennzeichnung nicht zu der Annahme, dass solche Namen im Sinne der Warenzeichen- und Markenschutzgesetzgebung als frei zu betrachten wären und daher von jedermann benutzt werden dürften.

Information bibliographique publiée par la Deutsche Nationalbibliothek: La Deutsche Nationalbibliothek inscrit cette publication à la Deutsche Nationalbibliografie; des données bibliographiques détaillées sont disponibles sur internet à l'adresse http://dnb.d-nb.de.

Toutes marques et noms de produits mentionnés dans ce livre demeurent sous la protection des marques, des marques déposées et des brevets, et sont des marques ou des marques déposées de leurs détenteurs respectifs. L'utilisation des marques, noms de produits, noms communs, noms commerciaux, descriptions de produits, etc, même sans qu'ils soient mentionnés de façon particulière dans ce livre ne signifie en aucune façon que ces noms peuvent être utilisés sans restriction à l'égard de la législation pour la protection des marques et des marques déposées et pourraient donc être utilisés par quiconque.

Coverbild / Photo de couverture: www.ingimage.com

Verlag / Editeur:
Presses Académiques Francophones
ist ein Imprint der / est une marque déposée de
OmniScriptum GmbH & Co. KG
Heinrich-Böcking-Str. 6-8, 66121 Saarbrücken, Deutschland / Allemagne
Email: info@presses-academiques.com

Herstellung: siehe letzte Seite /
Impression: voir la dernière page
ISBN: 978-3-8416-3536-5

Table des matières

Introduction

La théorie du potentiel joue un rôle trés important dans la résolution de certaines équations aux dérivées partielles non linéaires.
Notamment, l'utilisation du semi-groupe de Gauss et de son générateur infinitésimal (l'opérateur de Laplace), le principe complet du maximum, le principe du maximum et d'autres outils de la théorie du potentiel permettent de résoudre des équations intégrales qui donnent lieu à des solutions pour certains problèmes élliptiques semi-linéaires.

Le but de ce mémoire est l'étude de quelques problèmes elliptiques dans un domaine régulier borné de $\mathbb{R}^n$ en utilisant des outils de la théorie du potentiel. Plus précisément, on s'interesse à l'existence, à l'unicité et au comportement asymptotique des solutions continues et strictement positives de ces problèmes.

Dans le premier chapitre, on étudie quelques propriétés du semi-groupe de Gauss $(P_t)_{t>0}$ sur $\mathbb{R}^n$ ($n \geq 3$). En particulier, on montre que $(P_t)_{t>0}$ est un semi-groupe fortement continu sur $L^p(\mathbb{R}^n)$, $p \geq 1$.
Notons que le semi-groupe de Gauss $(P_t)_{t>0}$ sur $\mathbb{R}^n$ est associé au processus du mouvement Brownien $(X_t)_{t>0}$ sur $\mathbb{R}^n$ par la relation

$$P_t f(x) = E^x(f(X_t)) \ pour \ f \in B^+(\mathbb{R}^n), \ x \in \mathbb{R}^n \ et \ t > 0.$$

D'autre part, il est bien connu que le générateur infinitésimal de $(P_t)_{t>0}$ est l'opérateur de Laplace Δ et que le cône des fonctions excessives par rapport à $(P_t)_{t>0}$ coincide avec celui des fonctions surharmniques positives sur $\mathbb{R}^n$.
Pour $n \geq 3$, le noyau potentiel V du semi-groupe $(P_t)_{t>0}$, est défini par

$$V f(x) = \int_0^\infty P_t f(x) dt, \ f \in B^+(\mathbb{R}^n), \ x \in \mathbb{R}^n.$$

Ce noyau est exactement l'inverse de l'opérateur $(-\Delta)$ et possède des propriétés intéressantes. En particulier, il vérifie le principe complet du maximum et l'espace $V(C_c(\mathbb{R}^n))$ est dense dans $C_0(\mathbb{R}^n)$.
Dans la deuxième partie de ce chapitre, on donne quelques propriétés de la classe de Kato $K^\infty(\mathbb{R}^n)$, associée au semi-groupe de Gauss $(P_t)_{t>0}$ sur $\mathbb{R}^n$.
Dans la troisième partie, en tuant le processus $(X_t)_{t>0}$ à sa première sortie d'un domaine borné régulier D de $\mathbb{R}^n$, on obtient un processus $(X_t^D)_{t>0}$ associé au semi-groupe de Gauss $(P_t^D)_{t>0}$ sur D.
Le semi-groupe de Gauss $(P_t^D)_{t>0}$ a des propriétés analogues à celles de $(P_t)_{t>0}$.
De plus, ce semi-groupe $(P_t^D)_{t>0}$ admet une densité $p_D(x, t, y)$ qui est comparable à celle du semi-groupe $(P_t)_{t>0}$.

Dans le second chapitre, en intègrant les estimations de la densité $p_D(x, t, y)$, on obtient des estimations sur la fonction de Green G_D du Laplacien dans le domaine D.

Ensuite, on étudie quelques propriétés de cette fonction de Green. En particulier, on établit une 3G-inégalité.

La deuxième partie de ce chapitre est consacrée à l'étude des fonctions harmoniques, de la première fonction propre du Laplacien et les propriétés du noyau de Poisson de D.

Dans la troisième partie, on introduit une nouvelle classe de Kato $K(D)$ et on étudie les propriétés de cette classe de Kato, qui sera adaptée dans la suite de ce mémoire, à l'étude de certains problèmes élliptiques semi-linéaires. En particulier, on caractérise cette classe $K(D)$ au moyen de la densité $p_D(x, t, y)$ du semi-groupe de Gauss $(P_t^D)_{t>0}$ sur D et on étudie l'équicontinuité d'une famille de fonctions potentielles.

Le dernier chapitre est une synthèse des articles [14], [3] et [13].

Dans la première partie, on étudie l'existence d'une solution au problème elliptique suivant :

$$(P) \begin{cases} -\Delta u = \varphi(., u) & \text{dans } D \ (\text{au sens des distributions}), \\ u > 0 \quad \text{dans } D, \ u_{|\partial D} = 0. \end{cases}$$

La fonction φ est positive et continue par rapport à la deuxième variable et peut être singulière en $u = 0$. De plus pour tout $c > 0$, $\varphi(., c) \in K(D)$.

En utilisant, une approche basée sur la fonction de Green et la classe de Kato $K(D)$, on montre que (P) admet une solution continue positive sur D.

Dans le cas où $\varphi(x, t) = a(x)g(t)$, avec $a \in C_{loc}^{\alpha}(D) \cap K^+(D)$ et g est de classe C^1 et décroissante sur $]0, +\infty[$, on montre à l'aide de la méthode de sous et sur-solution que le problème (P) admet une unique solution classique et on donne un comportement asymptotique exact de cette solution à la frontière.

On achève ce chapitre par l'étude du problème semi-linéaire suivant :

$$(Q) \begin{cases} -\Delta u = a(x)u^{\sigma} & \text{dans } D, \\ u > 0 \quad \text{dans } D, \ u_{|\partial D} = 0, \end{cases}$$

où $\sigma < 1$ et $a \in C_{loc}^{\alpha}(D)$ vérifiant pour tout $x \in D$

$$\frac{1}{c} \leq a(x)\delta(x)^{\lambda} \exp(-\int_{\delta(x)}^{\eta} \frac{z(t)}{t} dt) \leq c,$$

avec $c > 0$, $\lambda \leq 2$, $z \in C([0, \eta])$, $z(0) = 0$ et $\eta > diam(D)$.

Alors on montre que le problème (Q) admet une unique solution.

De plus, on donne des estimations de cette solution au moyen d'une puissance de la distance $\delta(x) = d(x, \partial D)$, $x \in D$.

3

Chapitre 1

Semi-groupe de Gauss

1.1 Introduction

Dans ce chapitre, on étudie quelques propriétés du semi-groupe de Gauss $(P_t)_{t>0}$ sur $\mathbb{R}^n$ $(n \geq 3)$. En particulier, on montre que $(P_t)_{t>0}$ est un semi-groupe fortement continu sur $L^p(\mathbb{R}^n)$. Notons que le semi-groupe de Gauss $(P_t)_{t>0}$ sur $\mathbb{R}^n$ est associé au processus du mouvement Brownien $(X_t)_{t>0}$ sur $\mathbb{R}^n$ par la relation

$$P_t f(x) = E^x(f(X_t)) \ \ pour \ f \in B^+(\mathbb{R}^n), \ x \in \mathbb{R}^n \ et \ t > 0.$$

D'autre part, on remarque que le générateur infinitésimal de $(P_t)_{t>0}$ est l'opérateur de Laplace Δ et que le cône des fonctions excessives par rapport à $(P_t)_{t>0}$ coincide avec celui des fonctions surharmniques positives sur $\mathbb{R}^n$. Puis, on définit le noyau potentiel V du semi-groupe $(P_t)_{t>0}$ qui est exactement l'inverse de l'opérateur $(-\Delta)$. Ce noyau potentiel V vérifie le principe complet du maximum et l'espace $V(C_c(\mathbb{R}^n))$ est dense dans $C_0(\mathbb{R}^n)$.

Dans la deuxième partie de ce chapitre, on donne quelques propriétés de la classe de Kato $K^{\infty}(\mathbb{R}^n)$, associée au semi-groupe de Gauss $(P_t)_{t>0}$ sur $\mathbb{R}^n$.

Ensuite, en tuant le processus $(X_t)_{t>0}$ à sa première sortie d'un domaine borné régulier D de $\mathbb{R}^n$, on obtient un processus $(X_t^D)_{t>0}$ associé au semi-groupe de Gauss $(P_t^D)_{t>0}$ sur D.

Ce semi-groupe $(P_t^D)_{t>0}$ a des propriétés analogues à celles de $(P_t)_{t>0}$ et admet une densité $p_D(x,t,y)$ qui est comparable à celle du semi-groupe $(P_t)_{t>0}$.

1.2 Semi-groupe de Gauss sur $\mathbb{R}^n$

Soit $t > 0$, on définit la fonction g_t sur $\mathbb{R}^n$ par :

$$g_t(x) = \frac{1}{(4\pi t)^{n/2}} \exp(-\frac{|x|^2}{4t}).$$

Posons pour $f \in B^+(\mathbb{R}^n)$, $x \in \mathbb{R}^n$ et $t > 0$,

$$P_t f(x) = g_t * f(x)$$
$$= \frac{1}{(4\pi t)^{n/2}} \int_{\mathbb{R}^n} \exp(-\frac{|x-y|^2}{4t}) f(y) dy.$$

Alors $\mathbb{P} = (P_t)_{t>0}$ est un semi-groupe markovien (i.e $P_t 1 = 1, t > 0$) sur $(\mathbb{R}^n, B(\mathbb{R}^n))$.

$\mathbb{P}$ est dit semi-groupe de Gauss sur $\mathbb{R}^n$.

Lemme 1 : Soit $f \in B^+(\mathbb{R}^n)$. Alors la fonction $(x, t) \longmapsto P_t f(x)$ est semi-continue inférieurement sur $\mathbb{R}^n \times]0, +\infty[$.

Preuve : Soit $f \in B^+(\mathbb{R}^n)$. Il est clair que la fonction $(x, t) \longrightarrow g_t(x - y)$ est continue sur $\mathbb{R}^n \times]0, +\infty[$, pour tout $y \in \mathbb{R}^n$. Alors la fonction $(x, t) \longmapsto P_t f(x) = \frac{1}{(4\pi t)^{n/2}} \int_{\mathbb{R}^n} \exp(-\frac{|x-y|^2}{4t}) f(y) dy$ est semi-continue inférieurement sur $\mathbb{R}^n \times]0, +\infty[$.

Proposition 1 : Soit $f \in B_b(\mathbb{R}^n)$. Alors la fonction $(x, t) \longmapsto P_t f(x)$ est continue bornée sur $\mathbb{R}^n \times]0, +\infty[$. En particulier, pour tout $t > 0$, $P_t(B_b(\mathbb{R}^n)) \subset C_b(\mathbb{R}^n)$.

Preuve : Sans perdre de généralité, on peut supposer que $0 \leq f \leq 1$.
Alors on a : $P_t 1 = 1 = P_t f + P_t(1 - f)$.
Ce qui donne d'après le lemme 1, que la fonction $(x, t) \longmapsto P_t f(x) = 1 - P_t(1 - f)(x)$ est semi-continue supérieurement sur $\mathbb{R}^n \times]0, +\infty[$ et par suite $(x, t) \longmapsto P_t f(x)$ est continue sur $\mathbb{R}^n \times]0, +\infty[$.
D'autre part, pour tous $x \in \mathbb{R}^n$, $t > 0$ et $f \in B_b(\mathbb{R}^n)$,

$$|P_t f(x)| \leq \|f\|_\infty P_t 1(x) = \|f\|_\infty.$$

Ce qui montre que $P_t f \in B_b(\mathbb{R}^n)$ et ce qui achève la preuve.

Proposition 2 : Soit $1 \leq p < +\infty$. Alors $(P_t)_{t>0}$ est un semi-groupe fortement continu sur $L^p(\mathbb{R}^n)$.

Preuve : Soit $f \in L^p(\mathbb{R}^n)$.
On a $g_t \in L^1$, donc $\|f * g_t\|_p \leq \|f\|_p \|g_t\|_1 = \|f\|_p$ et par suite $\|P_t f\|_p \leq \|f\|_p$.
Soit $\varepsilon > 0$, alors il existe $\varphi_\varepsilon \in C_c(\mathbb{R}^n)$ telle que $\|f - \varphi_\varepsilon\|_p \leq \frac{\varepsilon}{3}$.
Donc

$$\|P_t f - f\|_p \leq \|P_t f - P_t \varphi_\varepsilon\|_p + \|P_t \varphi_\varepsilon - \varphi_\varepsilon\|_p + \|f - \varphi_\varepsilon\|_p$$
$$\leq \|f - \varphi_\varepsilon\|_p + \frac{\varepsilon}{3} + \|P_t \varphi_\varepsilon - \varphi_\varepsilon\|_p$$
$$\leq \frac{2\varepsilon}{3} + \|P_t \varphi_\varepsilon - \varphi_\varepsilon\|_p.$$

Ainsi il suffit de montrer que $\lim\limits_{t \to 0} \|P_t\varphi - \varphi\|_p = 0$, pour toute fonction φ dans $C_c(\mathbb{R}^n)$.

Soit $t > 0$, $\varphi \in C_c(\mathbb{R}^n)$ et $K = supp\varphi$.

On a d'après le changement de variable $z = \frac{x-y}{\sqrt{t}}$

$$\|P_t\varphi - \varphi\|_p^p = \int_{\mathbb{R}_n} |\int_{\mathbb{R}_n} g_t(x-y)(\varphi(y)-\varphi(x))dy|^p dx$$

$$= \int_{\mathbb{R}_n} |\int_{\mathbb{R}_n} g_1(z)(\varphi(x-z\sqrt{t})-\varphi(x))dz|^p dx.$$

Or $\|g_1\|_1 = 1$, alors

$$|\int_{\mathbb{R}_n} g_1(z)(\varphi(x-z\sqrt{t})-\varphi(x))dz|^p \leq \int_{\mathbb{R}_n} |\varphi(x-z\sqrt{t})-\varphi(x)|^p g_1(z)dz.$$

Ce qui donne :

$$\|P_t\varphi - \varphi\|_p^p \leq \int_{\mathbb{R}_n} g_1(z)(\int_{\mathbb{R}_n} |\varphi(x-z\sqrt{t})-\varphi(x)|^p dx)dz.$$

Comme φ est uniformément continue sur $\mathbb{R}^n$, alors pour $\varepsilon > 0$, il existe $\delta > 0$ tel que $\forall x \in K, \forall y \in \mathbb{R}^n, |x - y| < \delta \Rightarrow |\varphi(x) - \varphi(y)| \leq \varepsilon$.

Donc on a

$$\|P_t\varphi - \varphi\|_p^p \leq \int_{(|z|\sqrt{t}<\delta)} g_1(z)(\int_{\mathbb{R}^n} |\varphi(x-z\sqrt{t})-\varphi(x)|^p dx)dz$$

$$+ \int_{(|z|\geq \frac{\delta}{\sqrt{t}})} g_1(z)(\int_{\mathbb{R}^n} |\varphi(x-z\sqrt{t})-\varphi(x)|^p dx)dz$$

$$\leq \varepsilon^p mes(K + \overline{B}(0,\delta)) + 2^p \|\varphi\|_p^p \int_{(|z|\geq \frac{\delta}{\sqrt{t}})} g_1(z)dz.$$

De plus, puisque $g_1 \in L^1(\mathbb{R}^n)$, alors

$$\int_{(|z|\geq \frac{\delta}{\sqrt{t}})} g_1(z)dz \underset{t \to 0}{\longrightarrow} 0.$$

Il en résulte que

$$\|P_t\varphi - \varphi\|_p^p \underset{t \to 0}{\longrightarrow} 0.$$

Remarque : On montre aussi que $(P_t)_{t>0}$ est un semi-groupe fortement continu sur chacun des espaces de Banach suivants : $C_b^u(\mathbb{R}^n) := \{$fonctions uniformément continues et bornées sur $\mathbb{R}^n\}$ et $C_0(\mathbb{R}^n) := \{$fonctions continues sur $\mathbb{R}^n : \lim\limits_{|x| \to +\infty} f(x) = 0\}$.

Théorème 1 ([4])

Soit $f \in B_b(\mathbb{R}^n)$. Alors $x \longmapsto P_t f(x)$ est de classe C^2 et $P_t f$ vérifie $\Delta P_t f = \frac{\partial}{\partial t} P_t f$, $\forall t > 0$.

Remarque : Le générateur infinitésimal de $(P_t)_{t>0}$ est l'opérateur de Laplace Δ et le domaine de Δ est dense dans chaque espace de Banach approprié.

1.3 Fonctions excessives

Définition 1 : Une fonction $v \in B^+(\mathbb{R}^n)$, est dite excessive par rapport à $\mathbb{P} = (P_t)_{t>0}$ ou $\mathbb{P} - excessive$ si $v \neq \infty$, $P_t v \leq v$ ($\forall t > 0$) et $\lim_{t \to 0^+} P_t v = v$.
Notons par $E_{\mathbb{P}}$ l'ensemble des fonctions $\mathbb{P} - excessives$. Alors on a le

Théorème 2 ([15])

$E_{\mathbb{P}}$ coincide avec l'ensemble des fonctions surharmoniques positives dans $\mathbb{R}^n$.

Théorème 3 ([4])

Soit $v \in E_{\mathbb{P}}$, alors il existe une suite croissante $(p_n)_n \in E_{\mathbb{P}} \cap C_0(\mathbb{R}^n)$ telle que $v = \sup_{n} p_n$.

Supposons que $n \geq 3$. Le noyau potentiel V du semi-groupe $(P_t)_{t \geq 0}$ est defini sur $B^+(\mathbb{R}^n)$ par :

$$V f(x) = \int_0^\infty P_t f(x) dt = c_n \int_{\mathbb{R}^n} \frac{1}{|x - y|^{n-2}} f(y) dy, \quad x \in \mathbb{R}^n,$$

où $c_n = \frac{1}{4\pi^{\frac{n}{2}}} \Gamma(\frac{n}{2} - 1)$.

Proposition 3 :
0) Soit $f, g \in B^+(\mathbb{R}^n)$ telles que $f \leq g$ et Vg est continue, alors Vf est continue.
1) $V(C_c(\mathbb{R}^n)) \subset C_0(\mathbb{R}^n)$.
2) Pour toute fonction f bornée à support compact, Vf est dans $C_0(\mathbb{R}^n)$.
3) Le noyau V est propre, c'est à dire il existe une fonction $a > 0$ telle que $Va < +\infty$.

Preuve :
0) Soit $f, g \in B^+(\mathbb{R}^n)$ telles que $f \leq g$ et Vg est continue. Soit $\theta \in B^+(\mathbb{R}^n)$ telle que $g = f + \theta$, on a

$$Vg = Vf + V(\theta).$$

Comme Vf et $V(\theta)$ sont semi-continues inférieurement sur $\mathbb{R}^n$, alors Vf est continue sur $\mathbb{R}^n$.
1) Soit $f \in C_c^+(\mathbb{R}^n)$, $x_0 \in \mathbb{R}^n$ et $x \in B(x_0, r)$. Alors on a

$$
\begin{aligned}
|Vf(x) - Vf(x_0)| &\leq c_n \int_{\mathbb{R}^n} \frac{1}{|z|^{n-2}} |f(x + z) - f(x_0 + z)| dz \\
&\leq c_n \int_{K - \overline{B}(x_0, r)} \frac{1}{|z|^{n-2}} |f(x + z) - f(x_0 + z)| dz,
\end{aligned}
$$

où K est le support compact de f.

Puisque f est uniformément continue et $z \longrightarrow \frac{1}{|z|^{n-2}}$ est intégrable sur $K - \overline{B}(x_0, r)$, il en résulte que

$$\lim_{x \longrightarrow x_0} Vf(x) = Vf(x_0).$$

C'est à dire Vf est continue sur $\mathbb{R}^n$.

D'autre part, soit $M > 0$ tel que $K \subset B(0, M)$. Alors pour $x \in B^c(0, 2M)$, on a :

$$
\begin{aligned}
|Vf(x)| & \leq c_n \int_{\mathbb{R}^n} \frac{1}{|x-y|^{n-2}} |f(y)| dy \\
& = c_n \int_{B(0,M)} \frac{1}{|x-y|^{n-2}} |f(y)| dy \\
& \leq \frac{c_n}{(|x|-M)^{n-2}} \int_{B(0,M)} |f(y)| dy \\
& \leq \frac{c\|f\|_\infty}{(|x|-M)^{n-2}}.
\end{aligned}
$$

Ce qui donne

$$Vf(x) \underset{|x| \longrightarrow +\infty}{\longrightarrow} 0.$$

Donc $V(C_c(\mathbb{R}^n)) \subset C_0(\mathbb{R}^n)$.

2) Soit f une fonction bornée positive à support compact. Alors il existe $\varphi \in C_c^+(\mathbb{R}^n)$ telle que $0 \leq f \leq \varphi$.

Ce qui implique, d'après 0) et 1), que Vf est continue.

De plus, puisque $0 \leq Vf \leq V\varphi$ et $V\varphi \in C_0(\mathbb{R}^n)$, on déduit que $Vf \in C_0(\mathbb{R}^n)$.

3) Soit $B_p = B(0, p)$, alors d'après 2), la fonction $V(1_{B_p})$ est bornée. Soit $\alpha_p = \|V(1_{B_p})\|_\infty > 0$ et soit

$$a = \sum_{p=1}^{\infty} \frac{1}{\alpha_p 2^p} 1_{B_p}.$$

Alors $a > 0$ et $0 < Va \leq 1$.

Théorème 4 (Théorème de Hunt) ([4])

Soit $n \geq 3$ et soit $v \in E_{\mathbb{P}}$, il existe une suite $(f_n)_n \in B_b^+(\mathbb{R}^n)$ telle que $v = \sup_n Vf_n$.

Propriétés 1 :

1) $\forall f \in C_0(\mathbb{R}^n)$ et $\forall x \in \mathbb{R}^n$, $\lim_{t \to +\infty} P_t f(x) = 0$.

2) $\overline{V(C_c(\mathbb{R}^n))} = C_0(\mathbb{R}^n)$.

3) V vérifie le principe complet du maximum.

Preuve

1) Soient $f \in C_0(\mathbb{R}^n)$ et $x \in \mathbb{R}^n$, on a $P_t f(x) = \int_{\mathbb{R}^n} g_t(x-y) f(y) dy = \int_{\mathbb{R}^n} g_1(y) f(x - y\sqrt{t}) dy$.

On a $\lim_{t \to \infty} f(x - y\sqrt{t}) = 0$ et $|g_1(y) f(x - y\sqrt{t})| \leq g_1(y) \|f\|_\infty \in L^1(\mathbb{R}^n)$.

Alors d'après le théorème de convergence dominée, on a :

$$\lim_{t\to+\infty} P_t f(x) = \int_{\mathbb{R}^n} \lim_{t\to+\infty} g_1(y) f(x - y\sqrt{t}) dy$$
$$= 0.$$

2) D'aprés la proposition 3, on a $V(C_c(\mathbb{R}^n)) \subset C_0(\mathbb{R}^n)$.
Soit $t > 0$ et $\varphi \in C_c^+(\mathbb{R}^n)$, alors $P_t\varphi \in C_0^+(\mathbb{R}^n)$. Donc il existe une suite $(h_n)_n$ croissante dans $C_c^+(\mathbb{R}^n)$ telle que

$$\lim_{n\to+\infty} \|P_t\varphi - h_n\|_\infty = 0.$$

La suite $(Vh_n)_n$ croit dans $C_0^+(\mathbb{R}^n)$ vers $VP_t\varphi = P_t(V\varphi) \in C_0^+(\mathbb{R}^n)$,
car $V\varphi \in C_0^+(\mathbb{R}^n)$ et $P_t(C_0(\mathbb{R}^n)) \subset C_0(\mathbb{R}^n)$.
Ainsi on a :

$$\lim_{n\to+\infty} \|VP_t\varphi - Vh_n\|_\infty = 0.$$

Maintenant on a :

$$\|\frac{1}{t}V(\varphi - h_n) - \frac{1}{t}\int_0^t P_s\varphi ds\|_\infty = \frac{1}{t}\|\int_t^\infty P_s\varphi ds - Vh_n\|_\infty$$
$$= \frac{1}{t}\|VP_t\varphi - Vh_n\|_\infty \xrightarrow[n\to\infty]{} 0.$$

D'autre part, on a :

$$\lim_{t\to 0}\|\frac{1}{t}\int_0^t P_s\varphi ds - \varphi\|_\infty \leq \lim_{t\to 0}\int_0^1 \|P_{ts}\varphi - \varphi\|_\infty ds = 0.$$

On déduit que pour $\varepsilon > 0$ et $f \in C_0^+(\mathbb{R}^n)$, il existe $\varphi \in C_c^+(\mathbb{R}^n)$ tel que $\|f - \varphi\|_\infty \leq \frac{\varepsilon}{3}$ et il existe $t_0 > 0$ tel que

$$\|\frac{1}{t_0}\int_0^{t_0} P_s\varphi ds - \varphi\|_\infty \leq \frac{\varepsilon}{3}.$$

De plus, il existe $n_0 \in \mathbb{N}$ tel que si $n \geq n_0$,

$$\frac{1}{t_0}\|V(\varphi - h_n) - \int_0^{t_0} P_s\varphi ds\|_\infty \leq \frac{\varepsilon}{3}.$$

Donc

$$\|f - \frac{1}{t_0}V(\varphi - h_n)\|_\infty \leq \|f - \varphi\|_\infty + \|\varphi - \frac{1}{t_0}\int_0^{t_0} P_s\varphi ds\|_\infty + \frac{1}{t_0}\|V(\varphi - h_n) - \int_0^{t_0} P_s\varphi ds\|_\infty$$
$$\leq \frac{\varepsilon}{3} + \frac{\varepsilon}{3} + \frac{\varepsilon}{3} = \varepsilon.$$

Ce qui montre que $\overline{V(C_c(\mathbb{R}^n))} = C_0(\mathbb{R}^n)$.
3) V est le noyau potentiel du semi-groupe de Gauss sur $\mathbb{R}^n (n \geq 3)$, donc
il vérifie le principe complet du maximum.

1.4 Formulation probabiliste

Théoréme 5 ([4])
Il existe un processus de Hunt $\chi = (\Omega, \mathcal{F}, \mathcal{F}_t, X_t, \theta_t, P^x)$ d'espace d'états $\mathbb{R}^n$ tel que $(P_t)_{t>0}$ soit son semi-groupe de transition.
C'est à dire $\quad P_t f(x) = E^x(f(X_t))$ pour $f \in B^+(\mathbb{R}^n)$, $x \in \mathbb{R}^n$ et $t > 0$.
Le processus χ est dit processus du mouvement Brownien sur $\mathbb{R}^n$.

1.5 Classe de Kato $K^\infty(\mathbb{R}^n)$

On suppose que $n \geq 3$.
Définition 2 ([1],[20])
Une fonction mesurable q sur $\mathbb{R}^n$ est dite dans la classe de Kato $K^\infty(\mathbb{R}^n)$ si

$$\lim_{r \to 0} (\sup_{x \in \mathbb{R}^n} \int_{B(x,r)} \frac{|q(y)|}{|x-y|^{n-2}} dy) = 0 \tag{1.5.1}$$

et

$$\lim_{M \to +\infty} (\sup_{x \in \mathbb{R}^n} \int_{(|y| \geq M)} \frac{|q(y)|}{|x-y|^{n-2}} dy) = 0. \tag{1.5.2}$$

Exemple 1 :
Soit $p > \frac{n}{2}$, alors $L^p(\mathbb{R}^n) \cap L^1(\mathbb{R}^n) \subset K^\infty(\mathbb{R}^n)$.

En effet, soit $p > \frac{n}{2}$ et $\varphi \in L^p(\mathbb{R}^n)$, alors

$$\int_{B(x,r)} \frac{|\varphi(y)|}{|x-y|^{n-2}} dy \leq (\int_{B(x,r)} |\varphi(y)|^p dy)^{\frac{1}{p}} \times (\int_{B(x,r)} |x-y|^{(2-n)\frac{p}{p-1}} dy)^{\frac{p-1}{p}}$$

$$\leq C\|\varphi\|_p (\int_0^r t^{(2-n)\frac{p}{p-1}+n-1} dt)^{\frac{p-1}{p}} = C\|\varphi\|_p (\int_0^r t^{\frac{p-n+1}{p-1}} dt)^{\frac{p-1}{p}}.$$

Comme $p > \frac{n}{2}$, alors $\frac{n-p-1}{p-1} < 1$ et

$$\int_0^r t^{\frac{p-n+1}{p-1}} dt \longrightarrow 0 \; lorsque \; r \longrightarrow 0.$$

Donc φ vérifie (1.5.1).
C'est à dire pour $\varepsilon > 0$, il existe $r > 0$ tel que

$$\sup_{x \in \mathbb{R}^n} \int_{(|y-x| \leq r)} \frac{|\varphi(y)|}{|x-y|^{n-2}} dy \leq \frac{\varepsilon}{2}.$$

De plus, si $\varphi \in L^1(\mathbb{R}^n)$, il existe $A > 0$ tel que

$$\int_{(|y| \geq A)} |\varphi(y)| dy \leq r^{n-2}\frac{\varepsilon}{2}.$$

Alors pour tout $x \in \mathbb{R}^n$,

$$\int_{(|y| \geq A)} \frac{|\varphi(y)|}{|x-y|^{n-2}} dy \leq \int_{B(x,r)} \frac{|\varphi(y)|}{|x-y|^{n-2}} dy + \frac{1}{r^{n-2}} \int_{(|y| \geq A)} |\varphi(y)| dy$$

$$\leq \frac{\varepsilon}{2} + \frac{1}{r^{n-2}} (r^{n-2} \frac{\varepsilon}{2}) = \varepsilon.$$

Ce qui montre que φ vérifie (1.5.2).

Proposition 4 :
$K^\infty(\mathbb{R}^n) \subset L^1_{loc}(\mathbb{R}^n)$.

Preuve :
Soit $q \in K^\infty(\mathbb{R}^n)$, alors il existe $\alpha > 0$ tel que

$$\sup_{x \in \mathbb{R}^n} \int_{(|x-y| \leq \alpha)} \frac{|q(y)|}{|x-y|^{n-2}} dy \leq 1.$$

Soit $M > 0$ et $x_1, ..., x_p$ dans $B(0, M)$ tel que $B(0, M) \in \bigcup_{1 \leq i \leq p} B(x_i, \alpha)$. Alors on a

$$\int_{B(0,M)} |q(y)| dy \leq \alpha^{n-2} \sum_{1 \leq i \leq p} \int_{B(x_i, \alpha)} \frac{|q(y)|}{|x_i - y|^{n-2}} dy$$

$$\leq p\alpha^{n-2} < \infty.$$

Proposition 5 ([6])
Les deux assertions sont équivalentes :
1) q vérifie (1.5.1)

2) $\lim_{t \to 0} (\sup_{x \in \mathbb{R}^n} \int_0^t P_s q(x) ds) = 0.$

Théorème 6
Les deux assertions suivantes sont équivalentes :
   1) $q \in K^\infty(\mathbb{R}^n)$

   2) $Vq \in C_0(\mathbb{R}^n)$

Preuve :
1)$\Rightarrow$2) :Soit $q \in K^\infty(\mathbb{R}^n)$ et $\varepsilon > 0$. Donc il existe $\delta > 0$ tel que

$$\sup_{\xi \in \mathbb{R}^n} \int_{(|\xi - y| \leq 3\delta)} \frac{|q(y)|}{|\xi - y|^{n-2}} dy \leq \frac{\varepsilon}{2c_n}.$$

De plus, il existe $M > 0$ tel que

$$\sup_{z \in \mathbb{R}^n} \int_{(|y| \geq M)} \frac{|q(y)|}{|z - y|^{n-2}} \leq \frac{\varepsilon}{2c_n}.$$

Soient $x, x' \in \mathbb{R}^n$ tels que $|x - x'| < \delta$, alors on a :

$$
\begin{aligned}
|Vq(x) - Vq(x')| &\leq c_n \int_{\mathbb{R}^n} \left| \frac{1}{|x-y|^{n-2}} - \frac{1}{|x'-y|^{n-2}} \right| |q(y)| dy \\
&\leq c_n \int_{(|x-y| \leq 2\delta)} \left| \frac{1}{|x-y|^{n-2}} - \frac{1}{|x'-y|^{n-2}} \right| |q(y)| dy \\
&+ c_n \int_{(|x-y| \geq 2\delta) \cap (|y| \leq M)} \left| \frac{1}{|x-y|^{n-2}} - \frac{1}{|x'-y|^{n-2}} \right| |q(y)| dy \\
&+ c_n \int_{(|x-y| \geq 2\delta) \cap (|y| \geq M)} \left| \frac{1}{|x-y|^{n-2}} - \frac{1}{|x'-y|^{n-2}} \right| |q(y)| dy \\
&\leq I_1 + I_2 + I_3.
\end{aligned}
$$

On a

$$
I_3 \leq c \sup_{z \in \mathbb{R}^n} \int_{(|y| \geq M)} \frac{|q(y)|}{|z-y|^{n-2}} dy \leq \varepsilon.
$$

Si $|x - y| \leq 2\delta$ alors $|x' - y| \leq |y - x| + |x - x'| \leq 3\delta$, ce qui donne

$$
I_1 \leq c_n \int_{(|x-y| \leq 2\delta)} \frac{|q(y)|}{|x-y|^{n-2}} dy + c_n \int_{(|x'-y| \leq 3\delta)} \frac{|q(y)|}{|x'-y|^{n-2}} dy \leq \frac{\varepsilon}{2} + \frac{\varepsilon}{2} = \varepsilon.
$$

Si $|x - y| \geq 2\delta$ et $|x - x'| \leq \delta$ alors $|x' - y| \geq \delta$ et donc

$$
\left| \frac{1}{|x-y|^{n-2}} - \frac{1}{|x'-y|^{n-2}} \right| \leq \frac{1}{|x-y|^{n-2}} + \frac{1}{|x'-y|^{n-2}} \leq (2^{2-n} + 1)\delta^{2-n}.
$$

Ce qui donne d'après la continuité de $(x, y) \longmapsto \frac{1}{|x-y|^{n-2}}$ dans $\mathbb{R}^n \times \mathbb{R}^n$ privé de la diagonale, le théorème de convergence dominée et le fait que $q \in L^1_{loc}(\mathbb{R}^n)$:

$$
I_2 \longrightarrow 0 \quad si \quad |x - x'| \longrightarrow 0.
$$

Ce qui implique que

$$
|Vq(x) - Vq(x')| \longrightarrow 0 \quad si \quad |x - x'| \longrightarrow 0.
$$

Soit $M > 0$ et $x \in \mathbb{R}^n$ tel que $|x| > M$. Alors on a

$$
|Vq(x)| \leq c_n \int_{(|y| \geq M)} \frac{|q(y)|}{|x-y|^{n-2}} dy + \frac{c_n}{(|x| - M)^{n-2}} \int_{(|y| \leq M)} |q(y)| dy.
$$

Puisque $q \in K^\infty(\mathbb{R}^n)$, alors d'après la proposition 4 , $q \in L^1_{loc}(\mathbb{R}^n)$ et on a

$$
Vq(x) \longrightarrow 0, \quad si \quad |x| \longrightarrow +\infty.
$$

2)$\Rightarrow$1) : Sans perdre de généralité, on peut supposer que la fonction q est positive. Pour tout $x \in \mathbb{R}^n$, on a

$$
Vq(x) = \int_0^s P_t q(x) dt + \int_s^\infty P_t q(x) dt = I_1(x) + I_2(x).
$$

12

D'après le lemme 1, les fonctions $x \longmapsto I_1(x)$ et $x \longmapsto I_2(x)$ sont positives et semi-continues inférieurement sur $\mathbb{R}^n$.

Puisque $Vq \in C_0^+(\mathbb{R}^n)$, alors $x \longmapsto I_1(x)$ est aussi dans $C_0^+(\mathbb{R}^n)$.

Donc la famille de fonctions $\{\int_0^s P_t q dt, s > 0\}$ est dans $C_0^+(\mathbb{R}^n)$ et pour tout $x \in \mathbb{R}^n$, on a

$$\lim_{s \to 0} \int_0^s P_t q(x)dt = \inf_{s>0} \int_0^s P_t q(x)dt.$$

Il en résulte d'après le lemme de Dini, que

$$\lim_{s \to 0} \left(\sup_{x \in \mathbb{R}^n} \int_0^s P_t q(x)dt \right) = 0.$$

Ce qui implique d'après la proposition 5 que q vérifie (1.5.1).

D'autre part, comme $Vq \in C_0^+(\mathbb{R}^n)$, alors pour tout $\varepsilon > 0$, il existe $a > 0$ tel que si $|x| \geq a$, on a $Vq(x) \leq \varepsilon$.

Soit $M \geq 2a$, alors

$$\int_{(|y| \geq M)} \frac{q(y)}{|x-y|^{n-2}} dy \leq \sup_{|x| \geq a} \int_{(|y| \geq M)} \frac{q(y)}{|x-y|^{n-2}} dy + \sup_{|x| \leq a} \int_{(|y| \geq M)} \frac{q(y)}{|x-y|^{n-2}} dy.$$

Si $|y| \geq M \geq 2a$ et $|x| \leq a$ alors $|x-y| \geq |y| - |x| \geq \frac{|y|}{2}$.

Donc

$$\sup_{x \in \mathbb{R}^n} \int_{(|y| \geq M)} \frac{q(y)}{|x-y|^{n-2}} dy \leq \varepsilon + C \int_{(|y| \geq M)} \frac{q(y)}{|y|^{n-2}} dy.$$

De plus, puisque $Vq(0) < \infty$, alors d'après le théorème de convergence dominée, on a

$$\lim_{M \to \infty} \int_{(|y| \geq M)} \frac{q(y)}{|y|^{n-2}} dy = 0.$$

Par suite q vérifie (1.5.2).

Remarque :

Soit $q \in K^\infty(\mathbb{R}^n)$, alors

$$\int_{\mathbb{R}^n} \frac{|q(y)|}{(1+|y|)^{n-2}} dy < \infty.$$

En effet, soit $q \in K^\infty(\mathbb{R}^n)$, alors

$$\frac{1}{(1+|x|)^{n-2}} \int_{\mathbb{R}^n} \frac{|q(y)|}{(1+|y|)^{n-2}} dy \leq \int_{\mathbb{R}^n} \frac{|q(y)|}{|x-y|^{n-2}} dy \leq \frac{1}{c_n} \|Vq\|_\infty.$$

Donc d'après le théorème précédent,

$$\int_{\mathbb{R}^n} \frac{|q(y)|}{(1+|y|)^{n-2}} dy < \infty.$$

Corollaire 1 :

Soit q une fonction mesurable radiale sur $\mathbb{R}^n$. Alors

$$q \in K^\infty(\mathbb{R}^n) \iff \int_0^\infty t|q(t)|dt < +\infty.$$

Preuve : Soit q une fonction mesurable radiale dans $K^\infty(\mathbb{R}^n)$, alors $Vq \in C_0(\mathbb{R}^n)$ et donc

$$Vq(0) = c_n \int_{\mathbb{R}^n} \frac{|q(y)|}{|y|^{n-2}} dy < \infty.$$

Ce qui donne

$$\int_0^{+\infty} t|q(t)|dt < \infty.$$

Réciproquement, soit u et f deux fonctions radiales telle que $u \in C^2(\mathbb{R}^n)$ et $f \in C_c(\mathbb{R}^n)$.
Alors on a :

$$\Delta u(r) = \frac{1}{r^{n-1}}(r^{n-1}u'(r))'.$$

Soit le systéme suivant

$$\begin{cases} \frac{1}{r^{n-1}}(r^{n-1}u'(r))' = -f(r) \\\\ \lim_{r \to 0} r^{n-1}u'(r) = 0 \\\\ \lim_{r \to +\infty} u(r) = 0. \end{cases}$$

Donc

$$u'(r) = -\frac{1}{r^{n-1}} \int_0^r t^{n-1}f(t)dt.$$

Ce qui donne

$$u(r) = -\int_r^{+\infty} u'(s)ds = \int_r^{+\infty} s^{1-n}\left(\int_0^s t^{n-1}f(t)dt\right)ds.$$

Donc d'après le théorème de Fubini, on a

$$u(r) = \int_0^{+\infty}\left(\int_{max(t,r)}^{+\infty} s^{1-n}ds\right)t^{n-1}f(t)dt = \frac{1}{n-2}\int_0^{+\infty} \frac{t^{n-1}}{(max(t,r))^{n-2}}f(t)dt.$$

D'autre part

$$u(x) = Vf(x) = c_n \int_{\mathbb{R}^n} \frac{1}{|x-y|^{n-2}}f(y)dy = c_n \frac{2\pi^{\frac{n}{2}}}{\Gamma(\frac{n}{2})}\int_0^{+\infty} f(t)t^{n-1}\left(\int_{S^{n-1}} \frac{d\sigma(w)}{|x-tw|^{n-2}}\right)dt$$

$$= \frac{1}{n-2}\int_0^{+\infty} f(t)t^{n-1}\left(\int_{S^{n-1}} \frac{d\sigma(w)}{|x-tw|^{n-2}}\right)dt,$$

où σ est la mesure normalisée sur la sphère unité S^{n-1} de $\mathbb{R}^n$.
On conclut donc que

$$\int_{S^{n-1}} \frac{d\sigma(w)}{|x-tw|^{n-2}} = \frac{1}{(max(|x|,t))^{n-2}}.$$

14

Maintenant, soit q une fonction radiale dans $\mathbb{R}^n$ telle que $\int_0^\infty t|q(t)|dt < +\infty$.
On pose

$$I = \int_{(|x-y| \leq r)} \frac{1}{|x-y|^{n-2}} |q(y)| dy.$$

Donc pour $|x| = R$, on a

$$I \leq \int_{(||y|-|x|| \leq r)} \frac{1}{|x-y|^{n-2}} |q(y)| dy.$$

$$\leq \int_{max((R-r),0)}^{R+r} \frac{t^{n-1}}{(max(R,t))^{n-2}} |q(t)| dt.$$

Alors, pour montrer que $q \in K^\infty(\mathbb{R}^n)$, il suffit de montrer que

$$\lim_{r \to 0} \sup_{R>0} \int_{max((R-r),0)}^{R+r} \frac{t^{n-1}}{max(R,t)^{n-2}} |q(t)| dt = 0$$

et

$$\lim_{M \to \infty} \sup_{R>0} \int_M^\infty \frac{t^{n-1}}{max(R,t)^{n-2}} |q(t)| dt = 0.$$

De plus, on a

$$\sup_{R>0} \int_{max((R-r),0)}^{R+r} \frac{t^{n-1}}{max(R,t)^{n-2}} |q(t)| dt \leq \sup_{R>0} \int_{max((R-r),0)}^{R+r} t|q(t)| dt.$$

Soit $F(a) = \int_0^a t|q(t)|dt, a \in [0,+\infty[$, alors d'après l'hypothèse, F est uniformément continue sur $[0,+\infty[$.
Puisque $|R+r - max((R-r),0)| \leq 2r$, alors on a

$$\sup_{R>0} \int_{max((R-r),0)}^{R+r} t|q(t)| dt \leq \sup_{R>0}[F(R+r) - F(max(R-r,0))] \xrightarrow[r \to 0]{} 0.$$

D'autre part, on a

$$\sup_{R>0} \int_M^\infty \frac{t^{n-1}}{max(R,t)^{n-2}} |q(t)| dt \leq \int_M^\infty t|q(t)| dt \xrightarrow[M \to \infty]{} 0.$$

Ce qui achève la preuve.
Exemple 2 : Soit $L : [0,+\infty[\longrightarrow]0,+\infty[$ une fonction de classe C^1 telle que $\lim_{t \to \infty} \frac{tL'(t)}{L(t)} = 0$ et soit $\lambda > 2$.

Alors $q(x) = (|x|+1)^{-\lambda} L(|x|)$ est dans $K^\infty(\mathbb{R}^n)$.
En effet, q est une fonction radiale et on a

$$\int_1^{+\infty} rq(r)dr = \int_1^{+\infty} r(r+1)^{-\lambda} L(r)dr \approx \int_1^{+\infty} \frac{1}{r^{\lambda-1}} L(r)dr.$$

Posons $g(r) = \frac{1}{r^{\lambda-1}} L(r)$ pour $r \geq 1$.

Puisque $\lim\limits_{r \to \infty} \frac{rL'(r)}{L(r)} = 0$ et $\lambda > 2$, alors

$$\lim_{r \to \infty} \frac{rg'(r)}{g(r)} = 1 - \lambda < -1.$$

Ce qui implique

$$\int_1^{+\infty} \frac{1}{r^{\lambda-1}} L(r) dr < \infty.$$

Il en résulte, d'après le corollaire précédent, que $q \in K^\infty(\mathbb{R}^n)$.

1.6 Semi-groupe de Gauss sur un domaine borné de $\mathbb{R}^n$

Soit D un domaine borné de $\mathbb{R}^n$.

Définition 3 :

Soit $\chi = (\Omega, \mathcal{F}, \mathcal{F}_t, X_t, \theta_t, P^x)$ un processus de Hunt associé au semi-groupe de Gauss sur $\mathbb{R}^n$.

Soit $D_\partial = D \cup \partial$, où ∂ est un point "cimétière".

On définit pour $t \geq 0$, l'application $X_t^D : \Omega \longrightarrow D_\partial$ par :

$$\mathrm{X}_t^D(\omega) := \begin{cases} X_t(\omega) & si \quad t < \tau_D(\omega), \\ \\ \partial & sinon, \end{cases}$$

où $\tau_D(\omega) := inf\{t > 0, X_t \in D^c\}$ est le premier temps de sortie de $(X_t)_{t>0}$ de D.

Soit $\mathcal{F}^D := \sigma(X_t^D, t \in \overline{\mathbb{R}}_+)$ et $\mathcal{F}_t^D := \sigma(X_s^D, 0 \leq s \leq t)$.

Alors $\chi^D = (\Omega, \mathcal{F}^D, \mathcal{F}_t^D, X_t^D, \theta_t, P^x)$ est un processus de Hunt d'espace d'états D_∂, de fonction de transition donnée, pour $t > 0$, $x \in D$ et $f \in B^+(D)$, par :

$$P_t^D f(x) = E^x(f(X_t)1_{[t<\tau_D]}).$$

De plus si on convient $f(\partial) = 0$, alors $\quad P_t^D f(x) = E^x(f(X_t^D))$.

$(P_t^D)_{t>0}$ est appelé semi-groupe de Gauss sur D.

La densité de $(P_t^D)_{t>0}$ est donnée par :

$$p_D(x, t, y) = g_t(x - y) - r_D(t; x, y), \quad pour \, t > 0, x, y \in D,$$

où $r_D(x, t, y) = E^x[g_{t-\tau_D}(X_{\tau_D} - y)1_{[\tau_D < t]}]$.

Pour $f \in B^+(D), x \in D$ et $t > 0$, on a

$$P_t^D f(x) = \int_D p_D(x, t, y) f(y) dy.$$

Théorème 7 ([6])

Soit D un domaine borné de $\mathbb{R}^n$. Alors pour toute fonction f de $L^\infty(D)$, $P_t^D f \in C_b(D), t > 0$.

En particulier, si D est régulier, alors $P_t^D f \in C_0(D)$, pour tout $f \in C_0(D)$ et

$$\lim_{t \to 0} \|P_t^D f - f\|_\infty = 0.$$

Corollaire 2 : Soit D un domaine régulier de $\mathbb{R}^n$. Alors le semi-groupe $(P_t^D)_{t>0}$ est fortement continu dans $(C_0(D), \|.\|_\infty)$.

Théorème 8 ([17])

Soit D un domaine borné régulier de $\mathbb{R}^n$ ($n \geq 3$) et $T > 0$. Notons par $\delta(x) = dist(x, \partial D)$, pour $x \in D$. Alors il existe deux constantes c_1, c_2 strictement positives telles que pour tous $x, y \in D$ et $0 < t \leq T$,

$$min(\frac{\delta(x)\delta(y)}{t}, 1)\frac{c_1}{t^{\frac{n}{2}}} \exp(\frac{-c_2|x-y|^2}{t}) \leq p_D(x,t,y) \leq min(\frac{\delta(x)\delta(y)}{t}, 1)\frac{1}{c_1 t^{\frac{n}{2}}} \exp(\frac{-|x-y|^2}{c_2 t}).$$

De plus, pour tous $x, y \in D$ et $t \geq T$, on a :

$$c^{-1}\delta(x)\delta(y)\exp(-\lambda_1 t) \leq p_D(x,t,y) \leq c\delta(x)\delta(y)\exp(-\lambda_1 t),$$

où $c > 0$ et λ_1 est la première valeur propre du Laplacien dans D.

Chapitre 2

Fonction de Green et Classe de Kato

2.1 Introduction

Dans ce chapitre, on s'intéresse à la fonction de Green G_D associée au semi groupe de Gauss $(P_t^D)_{t>0}$, définie par

$$G_D(x,y) = \int_0^\infty p_D(x,t,y)dt \; ; \quad (x,y) \in D \times D.$$

En fait, en intègrant les estimations de la densité $p_D(x,t,y)$, on obtient des estimations sur cette fonction de Green G_D. En particulier, on établit une 3G-inégalité.

La deuxième partie de ce chapitre est consacrée à l'étude des fonctions harmoniques, de la première fonction propre du Laplacien et les propriétés du noyau de Poisson de D.

En particulier, on montre que la première fonction propre φ_1 de $(-\Delta)$ est comparable à la distence $\delta(x) = d(x, \partial D)$.

Dans la troisième partie, on introduit une nouvelle classe de Kato $K(D)$ et on étudie les propriétés de cette classe de Kato. En particulier, on caractérise cette classe $K(D)$ au moyen de la densité $p_D(x,t,y)$ du semi-groupe de Gauss $(P_t^D)_{t>0}$ sur D et on étudie l'équicontinuité d'une famille de fonctions potentielles. La classe da Kato $K(D)$ sera adaptée dans le dernier chapitre à l'étude de certains problèmes élliptiques.

2.2 Fonction de Green

Soit D un domaine borné régulier de $\mathbb{R}^n$ $(n \geq 3)$ et soit $p_D(x,t,y)$ la densité du semi groupe de Gauss $(P_t^D)_{t>0}$ dans D.

Définition : La fonction de Green de D est définie par

$$G_D(x,y) = \int_0^\infty p_D(x,t,y)dt \; ; \quad (x,y) \in D \times D.$$

Proposition 1 :

Il existe une constante $c > 0$ telle que pour tous $x,y \in D$

$$c^{-1}min(\frac{\delta(x)\delta(y)}{|x-y|^2}, 1)|x-y|^{2-n} \leq G_D(x,y) \leq c\, min(\frac{\delta(x)\delta(y)}{|x-y|^2}, 1)|x-y|^{2-n}.$$

Preuve : Soit $T > 0$ et $d = diam(D)$.

Alors d'après le théorème 8 (chapitre 1), il existe deux constantes strictement positives c_1, c_2 telles que pour tous $x, y \in D$ et $0 < t \leq T$,

$$min(\frac{\delta(x)\delta(y)}{t}, 1)\frac{c_1}{t^{\frac{n}{2}}} \exp(\frac{-c_2|x-y|^2}{t}) \leq p_D(x,t,y) \leq min(\frac{\delta(x)\delta(y)}{t}, 1)\frac{1}{c_1 t^{\frac{n}{2}}} \exp(\frac{-|x-y|^2}{c_2 t}).$$

$$(2.2.1)$$

De plus, pour tous $x, y \in D$ et $t \geq T$, on a :

$$c^{-1}\delta(x)\delta(y)\exp(-\lambda_1 t) \leq p_D(x,t,y) \leq c\delta(x)\delta(y)\exp(-\lambda_1 t), \qquad (2.2.2)$$

où c est une constante strictement positive et λ_1 est la première valeur propre du Laplacien dans D. Choisissons $T = d^2$ et intégrons $(2.2.1)$ de 0 à T, on obtient

$$\frac{C^{-1}}{|x-y|^{n-2}} \int_{\frac{c_2|x-y|^2}{d^2}}^{+\infty} min(\frac{\delta(x)\delta(y)}{c_2|x-y|^2}s, 1)s^{\frac{n}{2}-2}\exp(-s)ds \leq \int_0^{d^2} p_D(x,t,y)dt$$

et

$$\int_0^{d^2} p_D(x,t,y)dt \leq \frac{C}{|x-y|^{n-2}} \int_{\frac{|x-y|^2}{c_2 d^2}}^{+\infty} min(\frac{\delta(x)\delta(y)}{|x-y|^2}c_2 s, 1)s^{\frac{n}{2}-2}\exp(-s)ds.$$

On sait que

$$min(1,a)min(1,b) \leq min(ab,1) \leq min(a,1)max(b,1), \quad \forall a, b \geq 0.$$

De plus, puisque $0 \leq \frac{|x-y|^2}{d^2} \leq 1$, on conclut que

$$\frac{C^{-1}}{|x-y|^{n-2}}min(\frac{\delta(x)\delta(y)}{|x-y|^2}, 1) \int_{c_2}^{+\infty} min(1,s)s^{\frac{n}{2}-2}\exp(-s)ds \leq \int_0^{d^2} p_D(x,t,y)dt$$

et

$$\int_0^{d^2} p_D(x,t,y)dt \leq \frac{C}{|x-y|^{n-2}}min(\frac{\delta(x)\delta(y)}{|x-y|^2}, 1) \int_0^{+\infty} max(s,1)s^{\frac{n}{2}-2}\exp(-s)ds.$$

Il en résulte qu'il existe $C_1 > 0$ tel que

$$C_1^{-1}|x-y|^{2-n}min(\frac{\delta(x)\delta(y)}{|x-y|^2}, 1) \leq \int_0^{d^2} p_D(x,t,y)dt \leq C_1|x-y|^{2-n}min(\frac{\delta(x)\delta(y)}{|x-y|^2}, 1). \quad (2.2.3)$$

Maintenant, en intégrant $(2.2.2)$ de T à $+\infty$, on obtient

$$c^{-1}\frac{\delta(x)\delta(y)}{\lambda_1} \exp(-\lambda_1 T) \leq \int_T^{+\infty} p_D(x,t,y)dt \leq c\frac{\delta(x)\delta(y)}{\lambda_1} \exp(-\lambda_1 T).$$

De plus on a

$$|x-y|^{2-n}min(\frac{\delta(x)\delta(y)}{|x-y|^2}, 1) \approx |x-y|^{2-n}\frac{\delta(x)\delta(y)}{|x-y|^2 + \delta(x)\delta(y)} \geq \frac{1}{2d^n}\delta(x)\delta(y).$$

Alors il existe une constante $C > 0$ telle que

$$0 \leq \int_T^{+\infty} p_D(x,t,y)dt \leq C|x-y|^{2-n}min(\frac{\delta(x)\delta(y)}{|x-y|^2}, 1). \qquad (2.2.4)$$

Enfin, d'aprés les inégalités (2.2.3) et (2.2.4), on conclut qu'il existe $c > 0$ telle que

$$c^{-1} min(\frac{\delta(x)\delta(y)}{|x-y|^2}, 1)|x-y|^{2-n} \leq G_D(x,y) \leq c\, min(\frac{\delta(x)\delta(y)}{|x-y|^2}, 1)|x-y|^{2-n},$$

pour tous $x, y \in D$.

Proposition 2 :
Pour $x, y \in D$, on a

$$G_D(x,y) \approx \frac{\delta(x)\delta(y)}{|x-y|^{n-2}(|x-y|^2 + \delta(x)\delta(y))} \qquad (2.2.5)$$

et

$$\delta(x)\delta(y) \leq CG_D(x,y). \qquad (2.2.6)$$

En particulier, si $|x - y| \geq r$ alors

$$G_D(x,y) \leq C\frac{\delta(x)\delta(y)}{r^n}.$$

Preuve :
Soient $x, y \in D$, alors on a

$$\frac{\delta(x)\delta(y)}{|x-y|^2 + \delta(x)\delta(y)} \leq min(\frac{\delta(x)\delta(y)}{|x-y|^2}, 1) \leq 2\frac{\delta(x)\delta(y)}{|x-y|^2 + \delta(x)\delta(y)}.$$

Il en résulte d'après la proposition 1, que

$$c^{-1}\frac{\delta(x)\delta(y)}{|x-y|^2 + \delta(x)\delta(y)}|x-y|^{2-n} \leq G_D(x,y) \leq 2c\frac{\delta(x)\delta(y)}{|x-y|^2 + \delta(x)\delta(y)}|x-y|^{2-n}.$$

Ce qui donne (2.2.5).
C'est à dire, il existe $\alpha > 0$ tel que

$$\alpha^{-1}\frac{\delta(x)\delta(y)}{|x-y|^{n-2}(|x-y|^2 + \delta(x)\delta(y))} \leq G_D(x,y) \leq \alpha\frac{\delta(x)\delta(y)}{|x-y|^{n-2}(|x-y|^2 + \delta(x)\delta(y))},$$

pour tous $x, y \in D$.
Soit $d = diam(D)$, alors on a

$$\frac{\alpha^{-1}}{2d^n}\delta(x)\delta(y) \leq \alpha^{-1}\frac{\delta(x)\delta(y)}{|x-y|^{n-2}(|x-y|^2 + \delta(x)\delta(y))} \leq G_D(x,y).$$

Donc il existe $C > 0$ telle que

$$\delta(x)\delta(y) \leq CG_D(x,y).$$

Si $|x - y| \geq r$, on a :

$$G_D(x,y) \leq \alpha\frac{\delta(x)\delta(y)}{|x-y|^{n-2}(|x-y|^2 + \delta(x)\delta(y))} \leq \frac{\alpha}{r^n}\delta(x)\delta(y).$$

Ce qui achève la preuve.

Lemme 1 :
Pour tous $x, y \in D$, on a
$$\frac{1}{2}(|x-y|^2 + \delta(y)^2) \le |x-y|^2 + \delta(x)\delta(y) \le \frac{3}{2}(|x-y|^2 + \delta(y)^2).$$

Preuve : Soit $x, y \in D$. Alors on a

$$
\begin{aligned}
|x-y|^2 + \delta(x)\delta(y) - \frac{1}{2}(|x-y|^2 + \delta(y)^2) &= \frac{1}{2}|x-y|^2 - \frac{1}{2}\delta(y)^2 + \delta(x)\delta(y) \\
&\ge \frac{1}{2}(|\delta(x) - \delta(y)|^2 - \delta(y)^2 + 2\delta(x)\delta(y)) \\
&\ge \frac{1}{2}\delta(x)^2 \ge 0.
\end{aligned}
$$

C'est à dire
$$|x-y|^2 + \delta(x)\delta(y) \ge \frac{1}{2}(|x-y|^2 + \delta(y)^2).$$

D'autre part, on a

$$
\begin{aligned}
\frac{3}{2}(|x-y|^2 + \delta(y)^2) - (|x-y|^2 + \delta(x)\delta(y)) &= \frac{1}{2}|x-y|^2 + \frac{3}{2}\delta(y)^2 - \delta(x)\delta(y) \\
&\ge \frac{1}{2}(|\delta(x) - \delta(y)|^2 + 3\delta(y)^2 - 2\delta(x)\delta(y)) \\
&\ge \frac{1}{2}(\delta(x)^2 + 4\delta(y)^2 - 4\delta(x)\delta(y)) \\
&\ge \frac{1}{2}|\delta(x) - 2\delta(y)|^2 \ge 0.
\end{aligned}
$$

Ce qui donne
$$|x-y|^2 + \delta(x)\delta(y) \le \frac{3}{2}(|x-y|^2 + \delta(y)^2).$$

Porposition 3 :
On a pour $x, y \in D$,
$$\frac{\delta(y)}{\delta(x)}min(1, \frac{\delta(x)\delta(y)}{|x-y|^2}) \approx min(1, \frac{\delta^2(y)}{|x-y|^2}).$$

Preuve : Soient $x, y \in D$. Alors on a

$$
\begin{aligned}
\frac{\delta(y)}{\delta(x)}min(1, \frac{\delta(x)\delta(y)}{|x-y|^2}) &\approx \frac{\delta(y)}{\delta(x)}(\frac{\delta(x)\delta(y)}{\delta(x)\delta(y) + |x-y|^2}) \\
&\approx \frac{\delta^2(y)}{\delta(x)\delta(y) + |x-y|^2}.
\end{aligned}
$$

D'autre part
$$min(1, \frac{\delta^2(y)}{|x-y|^2}) \approx \frac{\delta^2(y)}{\delta^2(y) + |x-y|^2}.$$

Alors on conclut, d'après le lemme 1, que
$$\frac{\delta(y)}{\delta(x)}min(1, \frac{\delta(x)\delta(y)}{|x-y|^2}) \approx min(1, \frac{\delta^2(y)}{|x-y|^2}).$$

Corollaire 1 :
On a pour $x, y \in D$,
$$\frac{\delta(y)}{\delta(x)} G_D(x,y) \approx \frac{1}{|x-y|^{n-2}} min(1, \frac{\delta^2(y)}{|x-y|^2}).$$

Preuve : D'après la proposition 1, on a pour $x, y \in D$
$$G_D(x,y) \approx min(\frac{\delta(x)\delta(y)}{|x-y|^2}, 1)|x-y|^{2-n}.$$

Ce qui implique d'après la proposition 3, que pour $x, y \in D$
$$\frac{\delta(y)}{\delta(x)} G_D(x,y) \approx \frac{1}{|x-y|^{n-2}} min(1, \frac{\delta^2(y)}{|x-y|^2}).$$

2.3 3G-Théorème

Proposition 4 ([10])
Il existe une constante $C_0 > 0$, telle que pour tous $x, y, z \in D$, on a :
$$\frac{G_D(x,z)G_D(z,y)}{G_D(x,y)} \le C_0[\frac{\delta(z)}{\delta(x)} G_D(x,z) + \frac{\delta(z)}{\delta(y)} G_D(y,z)].$$

2.4 Fonctions harmoniques

Définition : Soit D un ouvert de $\mathbb{R}^n$.
Une fonction $h : D \longmapsto \mathbb{R}$ est dite harmonique sur D si $h \in C^2(D)$ et $\Delta h = 0$ sur D .

L'ensemble des fonctions harmoniques sur D est noté $\mathcal{H}(D)$.

Remarques :
1) $\mathcal{H}(D)$ est un sous espace vectoriel de $C(D)$ contenant les fonctions constantes.
2) Si W est un ouvert inclus dans D et si $h \in \mathcal{H}(D)$ alors $h|W \in \mathcal{H}(W)$.

Exemples :
• Les fonctions harmoniques sur un intervalle ouvert de $\mathbb{R}$ sont les fonctions affines.
• Si D est un ouvert de $\mathbb{C}$ et si $f = u + iv$ est holomorphe dans D alors u et v sont harmoniques dans $\mathbb{R}^2$.

On définit la fonction g sur $\mathbb{R}^n$ par :

$$g(x) := \begin{cases} \frac{1}{|x|^{n-2}} & si\ n \ge 3 \\ \log(\frac{1}{|x|}) & si\ n = 2 \\ |x| & si\ n = 1. \end{cases}$$

Proposition 5 :
1) La fonction $x \longmapsto g(x)$ est harmonique dans $\mathbb{R}^n \setminus \{0\}$.

2) Soit h une fonction radiale harmonique dans la courone
$C_{(r_1,r_2)} = \{x \in \mathbb{R}^n, r_1 < |x| < r_2\}$, $(0 \le r_1 < r_2 \le +\infty)$.
Alors il existe deux constantes $\alpha, \beta \in \mathbb{R}$ telles que pour tout $x \in \mathbb{R}^n$, on a

$$h(x) = \alpha g(x) + \beta.$$

Preuve :
1) Un calcul simple montre que g est harmonique dans $\mathbb{R}^n \setminus \{0\}$.
2) Puisque h est harmonique, alors $h \in C^2(C_{(r_1,r_2)})$.
Posons $F(r) = h(x)$, avec $r = |x|$. Alors on a :

$$\Delta h = 0 \Leftrightarrow \frac{d}{dr}(r^{n-1}F'(r)) = 0, \quad pour \ tout \ r \in]r_1, r_2[.$$

Ce qui donne

$$
F(r) = \begin{cases}
\alpha r^{2-n} + \beta, & si \ n \ge 3, \\[2mm]
\alpha \log(r), & si \ n = 2, \\[2mm]
\alpha r + \beta, & si \ n = 1.
\end{cases}
$$

Théorème 1 ([2])
Les propriétés suivantes sont équivalentes :
1) $h \in \mathcal{H}(D)$
2) $h \in C(D)$ et $h(x) = \frac{1}{\sigma(S(x,r))} \int_{S(x,r)} h(y)dy$, pour tout $B(x,r) \subset \overline{B(x,r)} \subset D$.
2) $h \in C(D)$ et $h(x) = \frac{1}{\lambda(B(x,r))} \int_{B(x,r)} h(y)dy$, pour tout $B(x,r) \subset \overline{B(x,r)} \subset D$.

Théorème 2 (Principe du maximum)
Soit D un domaine de $\mathbb{R}^n$ et $h \in \mathcal{H}(D)$. Si $\sup_D h$ est atteint dans D, alors h est constante sur D.

On dit que h vérifie le principe du maximum.

Preuve :
Soit D un domaine de $\mathbb{R}^n$ et $h \in \mathcal{H}(D)$. Supposons qu'il existe $x_0 \in D$ tel que $\sup_D h = h(x_0) = M \in \mathbb{R}$.

Posons $D_M = \{y \in D, h(y) = M\}$. Puisque h est continue, alors D_M est un fermé non vide de D.
Soit $y \in D_M$, il existe $r > 0$ tel que $\overline{B(y,r)} \subset D$. Donc on a

$$0 = M - h(y) = \frac{1}{\lambda(B(y,r))} \int_{B(y,r)} (M - h(x))dx.$$

Comme la fonction $x \longmapsto M - h(x)$ est continue positive, alors on déduit que $h = M$ sur $B(y,r)$ et par
suite $B(y,r) \subset D_M$.
Ainsi D_M est ouvert fermé non vide de D, c'est à dire $D_M = D$.
Il en résulte que h est constante sur D.

2.5 Fonctions propres de $(-\Delta)$ avec les conditions de Dirichlet

Soit D un domaine borné régulier de $\mathbb{R}^n$.
On considère le problème suivant :

$$(P)\begin{cases} \Delta\varphi = -\lambda\varphi & dans\ D, \\[2mm] \varphi = 0 & sur\ \partial D. \end{cases}$$

Si φ est une solution non triviale du problème (P), φ est dite fonction propre de $(-\Delta)$, associée à la valeur propre λ.

Théorème 3 ([5])
Il existe une base hilbertienne $(\varphi_k)_{k\geq 1}$ de $L^2(D)$, formée de fonctions propres de $(-\Delta)$ associée à une suite croissante $(\lambda_k)_{k\geq 1}$ de valeurs propres strictement positives vérifiant $\lim\limits_{k\to+\infty}\lambda_k = +\infty$.
De plus la première valeur λ_1 est simple et le sous-espace propre associé est engendré par $\varphi_1 > 0$ sur D.

Exemples :
1) Soit $D =]0,1[$. Alors $\lambda_k = k^2\pi^2$ et $\varphi_k(x) = \sqrt{2}\sin(\pi k x)$, $k \geq 1$.

2) Soit $D = B(0,1) \subset \mathbb{R}^3$. Alors $\lambda_k = k^2\pi^2$ et $\varphi_k(x) = c_k \frac{\sin(\pi k\|x\|)}{\|x\|}$.
En effet, soit φ une fonction radiale telle que $\Delta\varphi = -\lambda\varphi$ et $\varphi/_{\partial B(0,1)} = 0$.
Pour $x \in B(0,1)$, soit $\varphi(x) = v(r)$ avec $r = \|x\|$. Alors on a :

$$\begin{cases} rv''(r) + 2v'(r) = -\lambda r v(r) \\[3mm] \lim\limits_{r\to 0} r^2 v'(r) = 0 \ , \ v(1) = 0. \end{cases}$$

Posons $u(r) = rv(r)$, nous obtenons :

$$\begin{cases} u''(r) = -\lambda u(r) \quad, \\[3mm] u(0) = u(1) = 0 \quad. \end{cases}$$

Il en résulte, d'aprés **1)**, que $\lambda_k = k^2\pi^2$ et $\varphi_k(x) = c_k \frac{\sin(\pi k\|x\|)}{\|x\|}$, $c_k \in \mathbb{R}$.

Propriétés :
1) $\nabla\varphi_1 \neq 0$ sur ∂D.
2) $\forall\ \alpha > 0$ et $\beta > 0$, la fonction $\varphi_1^\alpha + |\nabla\varphi_1|^\beta$ est une fonction continue strictement positive sur $\overline{D}$.
3) Si $k \geq 2$ et u est une fonction propre associée à λ_k. Alors u change de signe.
4) Pour tout $0 \leq \beta \leq 1$, la fonction φ_1^β est surharmonique dans D.

Preuve :
1) On sait que $\varphi_1 > 0$ et $\Delta\varphi_1 = -\lambda_1\varphi_1 < 0$ dans D.
Soit $z \in \partial D$, alors d'après le Lemme de Hopf,

$$\frac{\partial\varphi_1}{\partial n}(z) > 0,$$

24

où $\frac{\partial}{\partial n}$ est la dérivée normale extérieure en z.

Ainsi $< n, \nabla\varphi_1(z) > \neq 0$.

Il en résulte que $\nabla\varphi_1(z) \neq 0$.

2) Soit $\alpha > 0$ et $\beta > 0$. Puisque $\varphi > 0$ sur D et $\nabla\varphi_1 \neq 0$ sur ∂D, alors $\varphi_1^\alpha + |\nabla\varphi_1|^\beta$ est une fonction continue strictement positive sur $\overline{D}$.

3) Soit $k \geq 2$ et u est une fonction propre associée à λ_k. Alors u est orthogonale à toute fonction propre associée à λ_1 en particulier à φ_1. C'est à dire $< u, \varphi_1 >= \int_D u\varphi_1 d\sigma = 0$ et comme φ_1 est de signe constant, on déduit que u change de signe.

4) Soit $0 \leq \beta \leq 1$, on a : $\Delta(\varphi_1^\beta) = -\beta\varphi_1^{\beta-2}(\lambda_1\varphi_1^2 + (1-\beta)|\nabla\varphi_1|^2)) \leq 0$.

Ce qui montre que $x \longmapsto \varphi_1^\beta(x)$ est une fonction surharmonique dans D.

Lemme 2 ([12])

Soit $x, y \in D$, alors on a

i) Si $\delta(x)\delta(y) \leq |x-y|^2$, on a $max(\delta(x), \delta(y)) \leq \frac{1+\sqrt{5}}{2}|x-y|$.

ii) Si $\delta(x)\delta(y) \geq |x-y|^2$, on a $\frac{3-\sqrt{5}}{2}\delta(x) \leq \delta(y) \leq \frac{3+\sqrt{5}}{2}\delta(x)$

et $|x-y| \leq \frac{1+\sqrt{5}}{2}min(\delta(x), \delta(y))$.

iii) $B(x, \frac{\sqrt{5}-1}{2}\delta(x)) \subset \{y \in D : |x-y|^2 \leq \delta(x)\delta(y)\} \subset B(x, \frac{\sqrt{5}+1}{2}\delta(x))$.

Preuve : Soit $x, y \in D$.

i) Supposons que $max(\delta(x), \delta(y)) = \delta(y)$.

Puisque $\delta(x)\delta(y) \leq |x-y|^2$ et $\delta(y) - \delta(x) \leq |x-y|$, alors

$$\delta^2(y) - \delta(y)|x-y| - |x-y|^2 \leq \delta^2(y) - \delta(y)(\delta(y) - \delta(x)) - \delta(x)\delta(y) = 0.$$

Ce qui donne

$$(\delta(y) + \frac{\sqrt{5}-1}{2}|x-y|)(\delta(y) - \frac{\sqrt{5}+1}{2}|x-y|) \leq 0.$$

Il en résulte que

$$\delta(y) = max(\delta(x), \delta(y)) \leq \frac{\sqrt{5}+1}{2}|x-y|.$$

ii) Soit $z \in \partial D$.

On a $|y-z| \leq |x-y| + |x-z|$ et puisque $|x-y|^2 \leq \delta(x)\delta(y)$, on obtient

$$\begin{aligned}|y-z| &\leq \sqrt{\delta(x)\delta(y)} + |x-z| \\ &\leq \sqrt{|x-z||y-z|} + |x-z|.\end{aligned}$$

C'est à dire

$$(\sqrt{|y-z|} + \frac{\sqrt{5}-1}{2}\sqrt{|x-z|})(\sqrt{|y-z|} - \frac{\sqrt{5}+1}{2}\sqrt{|x-z|}) \leq 0.$$

Par suite

$$\sqrt{|y-z|} \leq \frac{\sqrt{5}+1}{2}\sqrt{|x-z|}.$$

On conclut donc que

$$|y-z| \leq \frac{3+\sqrt{5}}{2}|x-z|.$$

En échangeant x et y, on obtient

$$\frac{3-\sqrt{5}}{2}|x-z| \le |y-z| \le \frac{3+\sqrt{5}}{2}|x-z|.$$

Ce qui donne

$$\frac{3-\sqrt{5}}{2}\delta(x) \le \delta(y) \le \frac{3+\sqrt{5}}{2}\delta(x).$$

D'autre part, puisque $|x-y|^2 \le \delta(x)\delta(y)$, on obtient

$$|x-y|^2 \le \frac{3+\sqrt{5}}{2}(\min(\delta(x),\delta(y)))^2.$$

C'est à dire

$$|x-y| \le \frac{1+\sqrt{5}}{2}min(\delta(y),\delta(x)).$$

iii) Soit $x,y \in D$ tels que $|x-y|^2 \ge \delta(x)\delta(y)$. Alors d'après i), on a

$$\frac{\sqrt{5}-1}{2}\delta(x) \le \frac{\sqrt{5}-1}{2}max(\delta(x),\delta(y)) \le |x-y|.$$

Il en résulte que

$$\{y \in D : |x-y|^2 \ge \delta(x)\delta(y)\} \subset B^c(x,\frac{\sqrt{5}-1}{2}\delta(x)),$$

c'est à dire

$$B(x,\frac{\sqrt{5}-1}{2}\delta(x)) \subset \{y \in D : |x-y|^2 \le \delta(x)\delta(y)\}.$$

De plus, on remarque d'après ii) que si $|x-y|^2 \le \delta(x)\delta(y)$, alors on a

$$|x-y| \le \frac{1+\sqrt{5}}{2}min(\delta(y),\delta(x)) \le \frac{1+\sqrt{5}}{2}\delta(x).$$

C'est à dire

$$y \in B(x,\frac{\sqrt{5}+1}{2}\delta(x)).$$

Ce qui achève la preuve.

Proposition 6 :
Il existe une constante $C > 0$ telle que pour tous $x,y \in D$, on a

$$G_D(x,y) \le c_1 \frac{\min(\delta(x),\delta(y))}{|x-y|^{n-1}}.$$

Preuve :
D'après le corollaire 1, il existe $C > 0$ tel que pour tous $x,y \in D$, on a

$$\frac{\delta(y)}{\delta(x)}G_D(x,y) \le \frac{C}{|x-y|^{n-2}}min(1,\frac{\delta^2(y)}{|x-y|^2}).$$

Soit $x, y \in D$ et soit $d = diam(D)$, alors on a
- Si $\delta(x)\delta(y) \leq |x - y|^2$, en utilisant le lemme 2, on obtient

$$
\begin{aligned}
G_D(x, y) &\approx \frac{1}{|x - y|^{n-2}} \frac{\delta(x)\delta(y)}{|x - y|^2} \\
&\leq \frac{c_1}{|x - y|^{n-1}} \frac{\max(\delta(x), \delta(y))\min(\delta(x), \delta(y))}{|x - y|} \\
&\leq \frac{c_2}{|x - y|^{n-1}} \min(\delta(x), \delta(y)).
\end{aligned}
$$

- Si $\delta(x)\delta(y) \geq |x - y|^2$, on a de même d'après le lemme 2,

$$
\begin{aligned}
G_D(x, y) &\approx \frac{1}{|x - y|^{n-2}} = \frac{1}{|x - y|^{n-1}}|x - y| \\
&\leq c\frac{\min(\delta(x), \delta(y))}{|x - y|^{n-1}}.
\end{aligned}
$$

Il en résulte qu'il existe $c > 0$ tel que pour tous $x, y \in D$,

$$
G_D(x, y) \leq c\frac{\min(\delta(x), \delta(y))}{|x - y|^{n-1}}.
$$

Théorème 4 :
Il existe une constante $c > 0$ telle que pour tout $x \in D$,

$$
\frac{1}{c}\delta(x) \leq \varphi_1(x) \leq c\delta(x).
$$

Preuve :
Puisque $\Delta\varphi_1 = -\lambda_1\varphi_1$ sur D, on a pour $x \in D$

$$
\varphi_1(x) = \lambda_1 \int_D G_D(x, y)\varphi_1(y)dy.
$$

De plus, d'après la proposition 2 et la proposition 6, il existe une constante $C > 0$ telle que pour $x, y \in D$,

$$
\frac{1}{C}\delta(x)\delta(y) \leq G_D(x, y) \leq C\frac{\min(\delta(x), \delta(y))}{|x - y|^{n-1}}.
$$

On multiplie l'inégalité précédente par $\varphi_1(y)$ puis on intègre sur D, on obtient pour $x \in D$,

$$
\frac{1}{C}\delta(x) \int_D \delta(y)\varphi_1(y)dy \leq \int_D G_D(x, y)\varphi_1(y)dy \leq C\delta(x) \int_D \frac{\varphi_1(y)}{|x - y|^{n-1}}dy.
$$

Puisque $\varphi_1 \in L^\infty(D)$, on obtient

$$
\frac{1}{C}\delta(x) \int_D \delta(y)\varphi_1(y)dy \leq \int_D G_D(x, y)\varphi_1(y)dy \leq C\delta(x)\|\varphi_1\|_\infty \int_{B(x,d)} \frac{dy}{|x - y|^{n-1}},
$$

où $d = diam(D)$.
Ce qui implique qu'il existe une constante $C_1 > 0$ telle que pour tout $x \in D$

$$
\frac{1}{C_1}\delta(x) \int_D \delta(y)\varphi_1(y)dy \leq \int_D G_D(x, y)\varphi_1(y)dy \leq C_1\delta(x)\|\varphi_1\|_\infty.
$$

Donc il existe une constante $c > 0$ telle que pour $x \in D$,

$$\frac{1}{c}\delta(x) \le \lambda_1 \int_D G_D(x,y)\varphi_1(y)dy \le c\delta(x).$$

C'est à dire

$$\frac{1}{c}\delta(x) \le \varphi_1(x) \le c\delta(x).$$

2.6   Noyau de Poisson d'un domaine borné

Soit D un domaine borné régulier de $\mathbb{R}^n$.

Définition : Soit $f \in C(\partial D)$.
Une solution du problème de Dirichlet pour (D,f) est une fonction $H_D f \in \mathcal{H}(D)$ vérifiant :

$$\lim_{x \to z} H_D f(x) = f(z), \quad z \in \partial D.$$

Remarque : Si le problème de Dirichlet admet une solution, cette solution est unique.

Définition : Soit D un domaine borné régulier de $\mathbb{R}^n$ et σ une mesure de surface sur ∂D. Une fonction continue $K : D \times \partial D \longmapsto]0, +\infty[$ est dite noyau de Poisson de D, si pour toute fonction $f \in C(\partial D)$, la solution du problème de Dirichlet (l'orsqu'elle existe) est donnée par :

$$H_D f(x) = \int_{\partial D} K(x,z)f(z)\sigma(dz), \quad \forall x \in D$$

Remarque :
Le noyau de Poisson s'il existe, il est unique.

Théorème 5 ([6])
Soit D un domaine borné régulier de $\mathbb{R}^n$ et σ la mesure de surface sur ∂D normalisée ($\sigma(\partial D) = 1$).
Soit $K : D \times \partial D \longmapsto]0, +\infty[$ une fonction continue vérifiant :
i) $\forall z \in \partial D, K(.,z) \in \mathcal{H}(D)$
ii) $\int_{\partial D} K(x,z)\sigma(dz) = 1, \quad \forall x \in D$
iii) $\forall w \in \partial D, \forall \delta > 0, \lim_{x \to w} \int_{\partial D \cap B^c(w,\delta)} K(x,z)\sigma(dz) = 0.$

Alors K est le noyau de Poisson de D.

Exemple
Soit $a \in \mathbb{R}^n$, $r > 0$. Alors la fonction

$$K_{a,r}(x,y) = r^{n-2}\frac{r^2 - \|x-a\|^2}{\|x-z\|^n}, x \in B(a,r), z \in S(a,r).$$

est le noyau de Poisson pour la boule B(a,r).

Definition :
Soit D un domaine borné régulier de $\mathbb{R}^n$ et $x_0 \in D$.
La fonction M définie dans $D \times \partial D$ par :

$$M(x,z) = \lim_{y \to z \in \partial D} \frac{G_D(x,y)}{G_D(x_0,y)}$$

28

est dit le noyau de Martin de D.

Proposition 7 ([6])
Soit D un domaine borné C^2 de $\mathbb{R}^n$, $n \geq 2$. Alors

$$K(x,z) = \frac{\partial}{\partial n_z} G_D(x,z) = \lim_{\delta(y) \to 0} \frac{G_D(x,y)}{\delta(y)}$$

est le noyau de Poisson de D, où $\frac{\partial}{\partial n}$ est la dérivée normale intérieure.

Remarque :
Soit x_0 un point de D. Alors

$$M(x,z) = \frac{K(x,z)}{K(x_0,z)}, \quad x \in D, \ z \in \partial D.$$

En effet, soit $x_0 \in D$ et $(x,y) \in D \times \partial D$, on a

$$M(x,z) = \lim_{y \to z \in \partial D} \frac{G_D(x,y)}{G_D(x_0,y)} = \frac{\displaystyle\lim_{\delta(y) \to 0} \frac{G_D(x,y)}{\delta(y)}}{\displaystyle\lim_{\delta(y) \to 0} \frac{G_D(x_0,y)}{\delta(y)}}$$

$$= \frac{K(x,z)}{K(x_0,z)}.$$

Exemple :
Si $D = B(a,r)$ et $x_0 = a$ alors

$$M(x,z) = \sigma_{n-1}(r) r^{n-2} \frac{r^2 - \|x-a\|^2}{\|x-z\|^n} = \sigma_{n-1}(r) K(x,z),$$

où $x \in B(a,r)$, $z \in \partial B(a,r)$ et $\sigma_{n-1} = \frac{2\pi^{\frac{n}{2}}}{\Gamma(\frac{n}{2})} r^{n-1}$.

Corollaire 2
Pour tous $(x,z) \in D \times \partial D$, on a

$$M(x,z) \approx \frac{\delta(x)}{|x-z|^n}.$$

Preuve :
Soit $(x,z) \in D \times \partial D$ et $y \in D$.
D'après la proposition 2, on remarque que

$$\frac{G_D(x,y)}{G_D(x_0,y)} \approx \frac{\delta(x)|x_0-y|^{n-2}(|x_0-y|^2 + \delta(x_0)\delta(y))}{\delta(x_0)|x-y|^{n-2}(|x-y|^2 + \delta(x)\delta(y))}.$$

Ce qui implique que

$$M(x,z) = \lim_{y \to z \in \partial D} \frac{G_D(x,y)}{G_D(x_0,y)} \approx \frac{\delta(x)}{|x-y|^n} \frac{|x_0-z|^n}{\delta(x_0)}$$

$$\approx \frac{\delta(x)}{|x-y|^n}.$$

Ce qui achève la preuve.

29

Remarque : Soit D un domaine borné régulier de $\mathbb{R}^n$ et soit h une fonction continue sur $\overline{D}$. Alors la fonction h est harmonique dans D si et seulement si $h(x) = H_D h(x), \forall x \in D$.

2.7 Nouvelle classe de Kato

Soit D un domaine borné régulier de $\mathbb{R}^n$.

Définition : Une foncttion mesurable q sur D est dite dans la classe de Kato $K(D)$ si

$$\lim_{r \to 0} \left(\sup_{x \in D} \int_{D \cap B(x,r)} \frac{\delta(y)}{\delta(x)} G_D(x,y)|q(y)|dy \right) = 0 \tag{2.7.7}$$

Lemme 3 :

Soit $q \in K(D)$, alors $x \longmapsto \delta^2(x)q(x) \in L^1(D)$.

Preuve :

Soit $q \in K(D)$. Alors d'après (2.7.7), il existe $r > 0$ tel que

$$\sup_{x \in D} \int_{D \cap B(x,r)} \frac{\delta(y)}{\delta(x)} G_D(x,y)|q(y)|dy \le 1.$$

Soit $x_1, ..., x_p$ dans D tels que $D \subset \underset{1 \le i \le p}{\cup} B(x_i, r)$.

Alors d'après la proposition 2, il existe $C > 0$ tel que tout $i \in \{1, .., p\}$ et $y \in B(x_i, r) \cap D$, on a

$$\delta^2(y) \le C \frac{\delta(y)}{\delta(x_i)} G_D(x_i, y).$$

Ce qui implique que

$$\int_D \delta^2(y)|q(y)|dy \quad \le \quad C \sum_{1 \le i \le p} \int_{B(x_i,r) \cap D} \frac{\delta(y)}{\delta(x_i)} G_D(x_i, y)|q(y)|dy$$
$$\le \quad Cp < \infty.$$

Proposition 8 :

Soit $q \in K(D)$, alors

$$\|q\|_D = \sup_{x \in D} \int_D \frac{\delta(y)}{\delta(x)} G_D(x,y)|q(y)|dy < +\infty.$$

et

$$a(q) = \sup_{x,y \in D} \int_D \frac{G_D(x,z)G_D(z,y)}{G_D(x,y)} |q(z)|dz < +\infty.$$

Preuve :

Soit $q \in K(D)$. Alors d'après (2.7.7), il existe $r > o$ tel que

$$\sup_{x \in D} \int_{D \cap B(x,r)} \frac{\delta(y)}{\delta(x)} G_D(x,y)|q(y)|dy \le 1.$$

Donc pour tout $x \in D$, on a

$$\int_D \frac{\delta(y)}{\delta(x)} G_D(x,y)|q(y)|dy \leq \int_{D \cap B(x,r)} \frac{\delta(y)}{\delta(x)} G_D(x,y)|q(y)|dy + \int_{D \cap (|x-y| \geq r)} \frac{\delta(y)}{\delta(x)} G_D(x,y)|q(y)|dy$$

$$\leq 1 + \int_{D \cap (|x-y| \geq r)} \frac{\delta(y)}{\delta(x)} G_D(x,y)|q(y)|dy.$$

De plus, en utilisant la proposition 2, on obtient

$$\int_{D \cap (|x-y| \geq r)} \frac{\delta(y)}{\delta(x)} G_D(x,y)|q(y)|dy \leq \frac{C}{r^n} \int_D \delta^2(y)|q(y)|dy.$$

Il en résulte d'après le lemme 3, que pour tout $x \in D$, on a

$$\int_D \frac{\delta(y)}{\delta(x)} G_D(x,y)|q(y)|dy \leq 1 + \frac{C}{r^n} \int_D \delta^2(y)|q(y)|dy$$

$$< +\infty.$$

D'autre part, soit $x, y \in D$, alors d'après la proposition 4

$$\int_D \frac{G_D(x,z)G_D(z,y)}{G_D(x,y)}|q(z)|dz \leq C_0 \left(\int_D \frac{\delta(z)}{\delta(x)} G_D(x,z)|q(z)|dz + \int_D \frac{\delta(z)}{\delta(y)} G_D(y,z)|q(z)|dz \right).$$

Il en résulte que

$$a(q) = \sup_{x,y \in D} \int_D \frac{G_D(x,z)G_D(z,y)}{G_D(x,y)}|q(z)|dz$$

$$\leq 2C_0 \sup_{x \in D} \int_D \frac{\delta(z)}{\delta(x)} G_D(x,z)|q(z)|dz = 2C_0\|q\|_D < +\infty.$$

Ce qui achève la preuve.

Proposition 9 :
Soit $q \in K(D)$, $x_0 \in \overline{D}$ et h une fonction positive surharmonique dans D. Alors pour tout $x \in D$,

i)

$$\int_D G_D(x,y)h(y)|q(y)|dy \leq a(q)h(x),$$

ii)

$$\lim_{r \to 0} \left(\sup_{x \in D} \frac{1}{h(x)} \int_{D \cap B(x_0,r)} G_D(x,y)h(y)|q(y)|dy \right) = 0.$$

Preuve :

$i)$ Soit h une fonction positive surharmonique dans D. Alors d'après [15], il existe une suite $(f_n)_n \subset B^+(D)$ telle que

$$h(y) = \sup_{n \in \mathbb{N}} \int_D G_D(y,z) f_n(z) dz.$$

Soit $q \in K(D)$ et $\varepsilon > 0$. Alors on a pour tous $x, z \in D$

$$\int_D G_D(x,y) G_D(y,z) |q(y)| dy \leq a(q) G_D(x,z).$$

Donc d'après le théorème de Fubini et le théorème de convergence monotone, on a

$$
\begin{aligned}
\int_D G_D(x,y) h(y) |q(y)| dy &= \int_D G_D(x,y) (\sup_{n \in \mathbb{N}} \int_D G_D(y,z) f_n(z) dz) |q(y)| dy \\
&= \sup_{n \in \mathbb{N}} \int_D f_n(z) (\int_D G_D(x,y) G_D(y,z) |q(y)| dy) dz \\
&\leq a(q) h(x).
\end{aligned}
$$

$ii)$ Puisque $q \in K(D)$, alors il existe $r > 0$ tel que

$$\sup_{x \in D} \int_{D \cap B(x,r)} \frac{\delta(y)}{\delta(x)} G_D(x,y) |q(y)| dy \leq \varepsilon.$$

Soit $\alpha > 0$, alors d'après la proposition 4, on a

$$
\begin{aligned}
\frac{1}{G_D(x,z)} \int_{D \cap B(x_0,\alpha)} G_D(x,y) G_D(y,z) |q(y)| dy &\leq C_0 \int_{D \cap B(x_0,\alpha)} (\frac{\delta(y)}{\delta(x)} G_D(x,y) + \frac{\delta(y)}{\delta(z)} G_D(y,z)) |q(y)| \\
&\leq 2 C_0 \sup_{x \in D} \int_{D \cap B(x_0,\alpha)} \frac{\delta(y)}{\delta(x)} G_D(x,y) |q(y)| dy.
\end{aligned}
$$

De plus, en utilisant la proposition 2, on obtient

$$
\begin{aligned}
\int_{D \cap B(x_0,\alpha)} \frac{\delta(y)}{\delta(x)} G_D(x,y) |q(y)| dy &\leq \int_{D \cap B(x,r)} \frac{\delta(y)}{\delta(x)} G_D(x,y) |q(y)| dy \\
&\quad + \int_{D \cap B(x_0,\alpha) \cap (|x-y| \geq r)} \frac{\delta(y)}{\delta(x)} G_D(x,y) |q(y)| dy \\
&\leq \varepsilon + \frac{C}{r^n} \int_{D \cap B(x_0,\alpha)} \delta(y)^2 |q(y)| dy.
\end{aligned}
$$

Il en résulte d'après le lemme 3, que

$$\frac{1}{G_D(x,z)} \int_{D \cap B(x_0,\alpha)} G_D(x,y) G_D(y,z) |q(y)| dy \xrightarrow[\alpha \to 0]{} 0,$$

uniformément en $x \in D$.

Ce qui donne, d'après le théorème de Fubini et le théorème de convergence monotone, que

$$\lim_{r \to 0} (\sup_{x \in D} \frac{1}{h(x)} \int_{D \cap B(x_0,r)} G_D(x,y) h(y) |q(y)| dy) = 0.$$

Ce qui achève la preuve.

Corollaire 3 : Soit $q \in K(D)$. Alors on a

a) $\sup\limits_{x \in D} \int_D G_D(x,y)|q(y)|dy < \infty$.

b) $x \longmapsto \delta(x)q(x) \in L^1(D)$.

Preuve :

Soit $q \in K(D)$.

a) On pose $h = 1$. Puisque $a(q) < +\infty$ et h est une fonction positive et surharmonique, on conclut d'après la proposition 9, que $\sup\limits_{x \in D} \int_D G_D(x,y)|q(y)|dy < \infty$.

b) Soit $x_0 \in D$, alors d'après la proposition 2, on a

$$\delta(x_0) \int_D \delta(y)|q(y)|dy \leq C \int_D G_D(x_0,y)|q(y)|dy.$$

On déduit, d'après ce qui précéde, que $x \longmapsto \delta(x)q(x) \in L^1(D)$.

Corollaire 4 : Soit $0 \leq \beta \leq 1$. Alors il existe une constante $c > 0$ telle que pour toute fonction $q \in K^+(D)$,

$$\sup_{x \in D} \int_D \left(\frac{\delta(y)}{\delta(x)}\right)^\beta G_D(x,y)q(y)dy \leq ca(q)$$

et pour $x_0 \in \overline{D}$,

$$\lim_{r \to 0}\left(\sup_{x \in D} \int_{D \cap B(x_0,r)} \left(\frac{\delta(y)}{\delta(x)}\right)^\beta G_D(x,y)q(y)dy\right) = 0.$$

Preuve :

Soit $0 \leq \beta \leq 1$ et soit $x_0 \in \overline{D}$. Posons $h = \varphi_1^\beta$, avec φ_1 est la première fonction propre de $(-\triangle)$ avec les conditions de Dirichlet.

D'après la propriété 4) page 24, h est une fonction positive surharmonique dans D.

De plus, d'après le théorème 4, il existe $C > 0$ tel que pour tout $x \in D$,

$$\frac{1}{C}(\delta(x))^\beta \leq h(x) \leq C(\delta(x))^\beta.$$

Il en résulte d'après la proposition 9, qu'il existe une constante $c > 0$ telle que

$$\sup_{x \in D} \int_D \left(\frac{\delta(y)}{\delta(x)}\right)^\beta G_D(x,y)q(y)dy \leq ca(q)$$

et

$$\lim_{r \to 0}\left(\sup_{x \in D} \int_{D \cap B(x_0,r)} \left(\frac{\delta(y)}{\delta(x)}\right)^\beta G_D(x,y)q(y)dy\right) = 0.$$

Ce qui achève la preuve.

Remarque : Soit $q \in K(D)$, alors il existe une constante $c > 0$ telle que

$$\frac{1}{c}a(q) \leq \|q\|_D \leq ca(q).$$

En effet, soit $q \in K(D)$ et prenons $\beta = 1$ dans le corollaire 4, alors il existe une constante $c > 0$ telle que

$$\sup_{x \in D} \int_D \frac{\delta(y)}{\delta(x)} G_D(x,y)|q(y)|dy \leq ca(q).$$

C'est à dire $\|q\|_D \leq ca(q)$.
D'autre part, d'après la proposition 4, on a

$$
\begin{aligned}
a(q) &= \sup_{x,y \in D} \int_D \frac{G_D(x,z)G_D(z,y)}{G_D(x,y)}|q(z)|dz \\
&\leq 2C_0 \sup_{x \in D} \int_D \frac{\delta(z)}{\delta(x)} G_D(x,z)|q(z)|dz = 2C_0\|q\|_D.
\end{aligned}
$$

Exemple ([14])
Soit $\lambda \in \mathbb{R}$ et q la fonction définie sur D par

$$q(x) = \frac{1}{(\delta(x))^\lambda}.$$

Alors

$$q \in K(D) \iff \lambda < 2.$$

Corollaire 5 : Soit q une fonction mesurable radiale sur $B(0,1)$. Alors

$$q \in K(B(0,1)) \iff \int_0^1 r(1-r)|q(r)|dr < \infty.$$

Preuve :
Soit q une fonction mesurable radiale dans $K(B(0,1))$, alors d'après le corollaire 3,

$$\sup_{x \in B(0,1)} \int_{B(0,1)} G_B(x,y)|q(y)|dy < \infty.$$

D'autre part, on a

$$
\begin{aligned}
\int_{B(0,1)} G_B(x,y)|q(y)|dy &= c_n \int_{B(0,1)} \left(\frac{1}{|x-y|^{n-2}} - \frac{1}{[x,y]^{n-2}}\right)|q(y)|dy \\
&= \frac{1}{n-2} \int_0^1 r^{n-1}\left(\frac{1}{max(|x|,r)^{n-2}} - 1\right)|q(r)|dr,
\end{aligned}
$$

où $[x,y]^2 = |x-y|^2 + (1-|x|^2)(1-|y|^2)$.
De plus, on sait que

$$min(1, \frac{\mu}{\lambda})(1-t^\lambda) \leq 1 - t^\mu \leq max(1, \frac{\mu}{\lambda})(1-t^\lambda),$$

pour tout $t \in [0,1]$ et $\lambda, \mu \in (0, \infty)$.
Il en résulte que

$$
\begin{aligned}
\sup_{x \in B(0,1)} \int_{B(0,1)} G_B(x,y)|q(y)|dy &= \frac{1}{n-2} \int_0^1 r^{n-1}\left(\frac{1}{r^{n-2}} - 1\right)dr \\
&\approx \int_0^1 r(r-1)|q(r)|dr < \infty.
\end{aligned}
$$

Réciproquement, soit q une fonction radiale dans $B(0,1)$ telle que $\int_0^1 r(1-r)|q(r)|dr < +\infty$.
Soit $\alpha > 0$. Donc pour $|x| = t$, on a

$$\int_{B(0,1)\cap B(x,\alpha)} \frac{\delta(y)}{\delta(x)} G_B(x,y)|q(y)|dy \leq \frac{1}{n-2} \int_{max(t-\alpha),0)}^{min((t+\alpha),1)} r^{n-1} \frac{(1-r)(1-(max(t,r))^{n-2})}{(1-t)(max(t,r))^{n-2}}|q(r)|dr$$

$$\leq \frac{1}{n-2} \int_{max(t-\alpha),0)}^{min((t+\alpha),1)} r^{n-1} \frac{(1-r)(1-t^{n-2})}{(1-t)r^{n-2}}|q(r)|dr$$

$$\leq C \int_{max(t-\alpha),0)}^{min((t+\alpha),1)} r(1-r)|q(r)|dr.$$

Alors, pour montrer que $q \in K(B(0,1))$, il suffit de montrer que

$$\lim_{\alpha \to 0} (\sup_{t \in [0,1]} \int_{max(t-\alpha),0)}^{min((t+\alpha),1)} r(1-r)|q(r)|dr = 0.$$

Soit $F(a) = \int_0^a r(1-r)|q(r)|dr$, $a \in [0,1]$, alors d'après l'hypothèse, F est continue sur $[0,1]$.
Ce qui implique que, pour tout $t \in [0,1]$ on a

$$\int_{max(t-\alpha),0)}^{min((t+\alpha),1)} r(1-r)|q(r)|dr = F(min((t+\alpha),1)) - F(max((t-\alpha),0) \xrightarrow[\alpha \to 0]{} 0.$$

C'est à dire $q \in K(B(0,1))$.

Proposition 10 ([3])
Soit $p > \frac{n}{2}$ et $q \geq 1$ tel que $\frac{1}{p} + \frac{1}{q} = 1$ et soit $d = diam(D)$. Soit θ une fonction continue positive sur $[0,2d]$ et telle que pour un certain $\eta > 0$, les conditions suivantes sont vérifiées :
i) La fonction $t \longmapsto t^{2-\frac{n}{p}}\theta(t)$ est croissante sur $[0,\eta]$ et $\lim_{t \to 0^+} t^{2-\frac{n}{p}}\theta(t) = 0$
ii) La fonction $t \longmapsto max(\theta(t),1)$ est décroissante sur $[0,\eta]$
iii) La fonction $t \longmapsto t^{1-\frac{n-1}{p}}\theta(t) \in L^q([0,\eta])$.
Alors on a $\theta(\delta(.))L^p(D) \in K(D)$.

Preuve : Soit $p > \frac{n}{2}$ et $q \geq 1$ tel que $\frac{1}{p} + \frac{1}{q} = 1$.
Soit $\varphi \in L^p(D)$ et $\theta : [0,2d] \longmapsto [0,+\infty[$ continue vérifiée i),ii) et iii).
Alors pour $r > 0$ et $x \in D$, on a

$$\int_{B(x,r)\cap D} \frac{\delta(y)}{\delta(x)} G_D(x,y)|\varphi(y)|\theta(\delta(y))dy = \int_{B(x,r)\cap D_1} \frac{\delta(y)}{\delta(x)} G_D(x,y)|\varphi(y)|\theta(\delta(y))dy$$

$$+ \int_{B(x,r)\cap D_2} \frac{\delta(y)}{\delta(x)} G_D(x,y)|\varphi(y)|\theta(\delta(y))dy = I_1(x) + I_2(x),$$

où $D_1 = \{y \in D, \delta(x)\delta(y) \leq |x-y|^2\}$ et $D_2 = \{y \in D, \delta(x)\delta(y) \geq |x-y|^2\}$.
Alors pour montrer que la fonction $x \longrightarrow \theta(\delta(x))\varphi(x) \in K(D)$, il suffit de montrer que $I_1(x)$ et $I_2(x)$ tendent vers zéro lorsque r tend vers zéro, uniformément en x.
D'après le lemme 2, on a

$$\delta(y) \leq \frac{1+\sqrt{5}}{2}|x-y|, \quad pour \ tout \ y \in D_1.$$

De plus d'après le corollaire 1, on conclut que

$$I_1(x) \leq C \int_{B(x,r) \cap D_1} \frac{1}{|x-y|^{n-2}} \theta(\frac{1+\sqrt{5}}{2}|x-y|)|\varphi(y)|dy.$$

Alors, en utilisant l'inégalité de Hölder et la condition iii), on a

$$\begin{aligned}
I_1(x) &\leq C\|\varphi\|_p (\int_{B(x,r) \cap D_1} |x-y|^{(n-2)q} (\theta(\frac{1+\sqrt{5}}{2}|x-y|))^q dy)^{\frac{1}{q}} \\
&\leq C\|\varphi\|_p (\int_0^{\frac{1+\sqrt{5}}{2}r} s^{(1-\frac{n-1}{p})q}(\theta(s))^q ds)^{\frac{1}{q}} \underset{r \to 0}{\longrightarrow} 0.
\end{aligned}$$

D'autre part, si $y \in D_2$, alors d'après le lemme 2,

$$\frac{3-\sqrt{5}}{2}\delta(x) \leq \delta(y) \leq \frac{3+\sqrt{5}}{2}\delta(x) \ et \ |x-y| \leq \frac{1+\sqrt{5}}{2} min(\delta(x), \delta(y)).$$

On conclut d'après l'inégalité de Hölder, le corollaire 1 et ii)

$$\begin{aligned}
I_2(x) &\leq C \int_{B(x,r) \cap D_2} \frac{1}{|x-y|^{(n-2q)}} |\varphi(y)| max(\theta(\delta(y)), 1) dy \\
&\leq C\|\varphi\|_p max(\theta(\frac{3-\sqrt{5}}{2}\delta(x)), 1)(\int_{B(x,r) \cap D_2} |x-y|^{(2-n)q} dy)^{\frac{1}{q}} \\
&\leq C\|\varphi\|_p max(\theta(\frac{3-\sqrt{5}}{2}\delta(x)), 1)(\int_0^{min(r,\frac{1+\sqrt{5}}{2}\delta(x))} s^{n-1+(2-n)q} ds)^{\frac{1}{q}}.
\end{aligned}$$

C'est à dire

$$I_2(x) \leq C\|\varphi\|_p max(\theta(\frac{3-\sqrt{5}}{2}\delta(x)), 1)(min(r, \frac{1+\sqrt{5}}{2}\delta(x)))^{2-\frac{n}{p}}.$$

Ce implique d'après ii),

$$\begin{aligned}
I_2(x) &\leq C\|\varphi\|_p max(\theta(\frac{3-\sqrt{5}}{2}\delta(x)), 1)(min(r, \frac{1+\sqrt{5}}{2}\delta(x)))^{2-\frac{n}{p}} \\
&\leq C\|\varphi\|_p max(\theta(min(r, \frac{3-\sqrt{5}}{2}\delta(x))), 1)(min(r, \frac{3-\sqrt{5}}{2}\delta(x)))^{2-\frac{n}{p}}.
\end{aligned}$$

Maintenant, soit $\sigma(x) = min(r, \frac{3-\sqrt{5}}{2}\delta(x))$.
Puisque $\sigma(x) \leq r$, on conclut d'après i) que

$$\begin{aligned}
I_2(x) &\leq C\|\varphi\|_p max(\theta(\sigma(x)), 1)(\sigma(x))^{2-\frac{n}{p}} \\
&\leq C\|\varphi\|_p max[(\sigma(x))^{2-\frac{n}{p}}\theta(\sigma(x)), (\sigma(x))^{2-\frac{n}{p}}] \\
&\leq C\|\varphi\|_p max(r^{2-\frac{n}{p}}\theta(r), r^{2-\frac{n}{p}}).
\end{aligned}$$

Il en résulte d'après i) que

$$I_2(x) \underset{r \to 0}{\longrightarrow} 0, \quad uniformement \ en \ x.$$

Ce qui achève la preuve.

Exemple :

Soit D un domaine borné régulier de $\mathbb{R}^n$, $(n \geq 3)$, $m \in \mathbb{N}^*$ et β un réel strictement positif tel que la fonction

$$\theta(t) = t^{-\lambda} \prod_{1 \leq k \leq m} (\log_k \frac{\beta}{t})^{-\mu_k}$$

soit définie et positive sur $(0, 2d)$, où $\log_k x = \log \circ .... \circ \log x (k\, fois)$.

Soit $p > \frac{n}{2}$, alors si l'une des conditions suivantes est satisfaite :

- $\lambda < 2 - \frac{n}{p}$ et $\mu_k \in \mathbb{R}$ pour $k \in \mathbb{N}^*$
- $\lambda = 2 - \frac{n}{p}, \mu_1 = \mu_2 = ... = \mu_{k-1} = 1 - \frac{1}{p}, \mu_k > 1 - \frac{1}{p}$ et $\mu_j \in \mathbb{R}$ pour $j > k$, on a

$$\theta(\delta(.))L^p(D) \subset K(D).$$

Supposons que $n \geq 3$, on définit pour une fonction mesurable positive q sur D, le potentiel Vq par :

$$Vq(x) := \int_D G_D(x, y)q(y)dy.$$

Proposition 11 :

Soit $q \in K(D)$. Alors la fonction Vq est dans $C_0(D)$.

Preuve :

Soit $q \in K(D)$, $\varepsilon > 0$ et $x_0 \in D$. D'après la proposition 9, on déduit pour $h \equiv 1$, qu'il existe $r > 0$ tel que

$$\sup_{x \in D} \int_{D \cap B(x_0, 2r)} G_D(x, y)|q(y)|dy \leq \frac{\varepsilon}{2}.$$

Alors pour $x, x' \in B(x_0, r) \cap D$, on a

$$
\begin{aligned}
|Vq(x) - Vq(x')| &\leq \int_D |G_D(x, y) - G_D(x', y)||q(y)|dy \\
&\leq 2\sup_{\xi \in D} \int_{D \cap B(x_0, 2r)} G_D(\xi, y)|q(y)|dy + \int_{D \cap (|x_0-y| \geq 2r)} |G_D(x, y) - G_D(x', y)||q(y)|dy \\
&\leq \varepsilon + \int_{D \cap (|x_0-y| \geq 2r)} |G_D(x, y) - G_D(x', y)||q(y)|dy.
\end{aligned}
$$

De plus, si $|x_0 - y| \geq 2r$, $|x - x_0| \leq r$ et $|x' - x_0| \leq r$ alors $|x - y| \geq r$ et $|x' - y| \geq r$.

Alors d'après la proposition 2, on a

$$|G_D(x, y) - G_D(x', y)| \leq \frac{c}{r^n} \delta(y).$$

Ce qui donne d'après la continuité de $(x, y) \longmapsto G_D(x, y)$ dans $D \times D$ privé de la diagonale, le théorème de convergence dominée et le corollaire 3 :

$$\int_{D \cap (|x_0-y| \geq 2r)} |G_D(x, y) - G_D(x', y)||q(y)|dy \longrightarrow 0 \quad si \quad |x - x'| \longrightarrow 0.$$

Ce qui implique que

$$|Vq(x) - Vq(x')| \longrightarrow 0 \quad si \quad |x - x'| \longrightarrow 0.$$

Maintenant, on sait que pour tout $y \in D$, on a $\lim_{x \to \partial D} G_D(x, y) = 0$.

Soit $\varepsilon > 0$ et $x_0 \in \partial D$. D'après la proposition 9, on déduit pour $h \equiv 1$, qu'il existe $r > 0$ tel que

$$\sup_{x \in D} \int_{D \cap B(x_0, 2r)} G_D(x, y)|q(y)|dy \leq \varepsilon.$$

Alors pour $x \in B(x_0, r) \cap D$, on a

$$
\begin{aligned}
|Vq(x)| &\leq \int_D G_D(x, y)|q(y)|dy \\
&\leq \sup_{\xi \in D} \int_{D \cap B(x_0, 2r)} G_D(\xi, y)|q(y)|dy + \int_{D \cap (|x_0 - y| \geq 2r)} G_D(x, y)|q(y)|dy \\
&\leq \varepsilon + \int_{D \cap (|x_0 - y| \geq 2r)} G_D(x, y)|q(y)|dy.
\end{aligned}
$$

De plus, si $|x_0 - y| \geq 2r$ et $|x - x_0| \leq r$, alors $|x - y| \geq r$.

Donc d'après la proposition 2, on a

$$G_D(x, y) \leq \frac{c}{r^n} \delta(y).$$

Ce qui donne d'après le théorème de convergence dominée et le corollaire 3 :

$$\int_{D \cap (|x_0 - y| \geq 2r)} G_D(x, y)|q(y)|dy \longrightarrow 0 \ \ si \ x \longrightarrow \partial D.$$

Il en résulte que

$$\lim_{x \to \partial D} Vq(x) = 0.$$

Par suite $Vq \in C_0(D)$.

2.8 Caractérisation de K(D) au moyen de $p_D(x, t, y)$

Lemme 4 : Pour tout $t > 0$ et $x, y \in D$, on a :

$$\int_0^t p_D(x, s, y)ds \leq G_D(x, y).$$

De plus, si $|x - y| \leq \sqrt{t}$, alors il existe une constante $c > 0$ telle que

$$G_D(x, y) \leq c \int_0^t p_D(x, s, y)ds.$$

Preuve :

Soit $t > 0$ et $x, y \in D$. Puisque $p_D(x, s, y) \geq 0$ pour tout $s > 0$, alors on a

$$\int_0^t p_D(x, s, y)ds \leq \int_0^{+\infty} p_D(x, s, y)ds = G_D(x, y).$$

38

De plus, si $|x - y| \leq \sqrt{t}$, alors d'après le théorème 8 (chapitre 1), il existe deux constantes strictement positives c_1, c_2 telles que pour $0 < t \leq T$ avec $T = d^2$, on a

$$\int_0^t p_D(x, s, y)ds \geq \int_0^t min(\frac{\delta(x)\delta(y)}{s}, 1)\frac{c_1}{s^{\frac{n}{2}}}\exp(\frac{-c_2|x-y|^2}{s})ds$$

$$\geq \frac{c}{|x-y|^{n-2}}\int_{\frac{c_2|x-y|^2}{t}}^{+\infty} min(\frac{\delta(x)\delta(y)}{c_2|x-y|^2}s, 1)s^{\frac{n}{2}-2}\exp(-s)ds.$$

On sait que

$$min(1, a)min(1, b) \leq min(ab, 1), \quad \forall a, b \geq 0.$$

De plus, puisque $0 \leq \frac{|x-y|^2}{t} \leq 1$, on conclut que

$$\int_0^t p_D(x, s, y)ds \geq \frac{c}{|x-y|^{n-2}}min(\frac{\delta(x)\delta(y)}{|x-y|^2}, 1)\int_{c_2}^{+\infty} min(1, s)s^{\frac{n}{2}-2}\exp(-s)ds.$$

Il en résulte d'après la proposition 1, qu'il existe $c > 0$ tel que

$$G_D(x, y) \leq c\int_0^t p_D(x, s, y)ds.$$

Lemme 5 : Soit $q \in K^+(D)$, alors pour tout $r > 0$, on a

$$\sup_{0 < t < 1}(\sup_{x \in D}\int_{(|x-y|\geq r)\cap D}\frac{\delta(y)}{\delta(x)}p_D(x, t, y)q(y)dy) := M(r) < +\infty.$$

Preuve :

Soit $q \in K^+(D)$ et $0 < t < 1$. Soit $r > 0$, alors d'après le théorème 8 (Chapitre 1), on a pour $T \geq 1$

$$\sup_{x \in D}\int_{(|x-y|\geq r)\cap D}\frac{\delta(y)}{\delta(x)}p_D(x, t, y)q(y)dy \leq \frac{1}{c_1 t^{\frac{n}{2}+1}}\sup_{x \in D}\int_{(|x-y|\geq r)\cap D}(\delta(y))^2\exp(\frac{-|x-y|^2}{c_2 t})q(y)dy$$

$$\leq \frac{1}{c_1 t^{\frac{n}{2}+1}}\exp(\frac{-r^2}{c_2 t})\sup_{x \in D}\int_{(|x-y|\geq r)\cap D}(\delta(y))^2 q(y)dy$$

$$\leq \frac{1}{c_1 t^{\frac{n}{2}+1}}\exp(\frac{-r^2}{c_2 t})\int_D(\delta(y))^2 q(y)dy.$$

Or d'après le lemme 3

$$\int_D(\delta(y))^2 q(y)dy < +\infty.$$

Donc

$$M(r) \leq c\sup_{0 < t \leq 1}\frac{1}{t^{\frac{n}{2}+1}}\exp(\frac{-r^2}{c_2 t}) < +\infty.$$

Ce qui achève la preuve.

Théorème 6 :
Les deux assertions suivantes sont équivalentes :
1) $q \in K^+(D)$

2) $\lim_{t \to 0}(\sup_{x \in D} \int_0^t (\int_D \frac{\delta(y)}{\delta(x)} p_D(x,s,y)q(y)dy)ds) = 0.$

Preuve :
1)$\Rightarrow$2) : Soit $q \in K^+(D)$ et $\varepsilon > 0$. Alors il existe $r > o$ tel que

$$\sup_{x \in D} \int_{D \cap B(x,r)} \frac{\delta(y)}{\delta(x)} G_D(x,y)q(y)dy \leq \varepsilon.$$

En utilisant les lemmes 4 et 5, on conclut que pour tout $x \in D$ et $0 < t < 1$, on a

$$
\begin{aligned}
\int_0^t \int_D \frac{\delta(y)}{\delta(x)} p_D(x,s,y)q(y)dy)ds &\leq \int_0^t \int_{(|x-y| \leq r) \cap D} \frac{\delta(y)}{\delta(x)} p_D(x,s,y)q(y)dy)ds \\
&+ \int_0^t \int_{(|x-y| \geq r) \cap D} \frac{\delta(y)}{\delta(x)} p_D(x,s,y)q(y)dy)ds \\
&\leq \int_{(|x-y| \leq r) \cap D} \frac{\delta(y)}{\delta(x)} G_D(x,y)q(y)dy + tM(r) \\
&\leq \varepsilon + tM(r)
\end{aligned}
$$

Par suite q vérifie (2.8.8).
2)$\Rightarrow$1) : Soit q une fonction vérifiant (2.8.8). Alors d'après le lemme 4, on a pour tout $x \in D$,

$$
\begin{aligned}
\int_{D \cap B(x,r)} \frac{\delta(y)}{\delta(x)} G_D(x,y)q(y)dy &\leq c \int_{D \cap B(x,r)} (\int_0^{r^2} \frac{\delta(y)}{\delta(x)} p_D(x,s,y)q(y)ds)dy \\
&\leq c \int_0^{r^2} (\int_D \frac{\delta(y)}{\delta(x)} p_D(x,s,y)q(y)dy)ds.
\end{aligned}
$$

Ce qui implique que

$$\lim_{r \to 0}(\sup_{x \in D} \int_{D \cap B(x,r)} \frac{\delta(y)}{\delta(x)} G_D(x,y)q(y)dy) = 0.$$

Ce qui achève la preuve.

2.9 Equicontinuité

Dans ce paragraphe, on se propose de montrer le résultat suivant.

Théorème 7 :

Soit $0 \leq \beta < 1$ et soit $q \in K^+(D)$, alors la famille de fonctions

$$\Lambda_q := \left\{ x \longmapsto T(\theta)(x) = \int_D \left(\frac{\delta(y)}{\delta(x)}\right)^\beta G_D(x,y)\theta(y)dy, \theta \in K(D), |\theta| \leq q \right\}$$

est uniformément bornée et équicontinue dans $\overline{D}$.

Par conséquent, Λ_q est relativement compacte dans $C_0(D)$.

Preuve :

Soit $0 \leq \beta < 1$, $q \in K^+(D)$ et $\theta \in K(D)$ telle que $|\theta| \leq q$. Alors d'après le corollaire 4, on a pour tout $x \in D$

$$|T(\theta)(x)| \leq \int_D \left(\frac{\delta(y)}{\delta(x)}\right)^\beta G_D(x,y)q(y)dy \leq ca(q) < \infty.$$

Ce qui implique que Λ_q est uniformément bornée.

Soit $\varepsilon > 0$ et $x_0 \in D$. D'après le corollaire 4, il existe $r > 0$ tel que

$$\sup_{x \in D} \int_{D \cap B(x_0,2r)} \left(\frac{\delta(y)}{\delta(x)}\right)^\beta G_D(x,y)q(y)dy \leq \frac{\varepsilon}{2}.$$

Alors pour $x, x' \in B(x_0, r) \cap D$, on a

$$
\begin{aligned}
|T(\theta)(x) - T(\theta)(x')| &\leq \int_D \left|\left(\frac{\delta(y)}{\delta(x)}\right)^\beta G_D(x,y) - \left(\frac{\delta(y)}{\delta(x')}\right)^\beta G_D(x',y)\right| |\theta(y)|dy \\
&\leq 2\sup_{\xi \in D} \int_{D \cap B(x_0,2r)} \left(\frac{\delta(y)}{\delta(\xi)}\right)^\beta G_D(\xi,y)q(y)dy \\
&\quad + \int_{D \cap (|x_0-y| \geq 2r)} \left|\left(\frac{\delta(y)}{\delta(x)}\right)^\beta G_D(x,y) - \left(\frac{\delta(y)}{\delta(x')}\right)^\beta G_D(x',y)\right|q(y)dy \\
&\leq \varepsilon + \int_{D \cap (|x_0-y| \geq 2r)} \left|\left(\frac{\delta(y)}{\delta(x)}\right)^\beta G_D(x,y) - \left(\frac{\delta(y)}{\delta(x')}\right)^\beta G_D(x',y)\right|q(y)dy.
\end{aligned}
$$

De plus, si $|x_0 - y| \geq 2r$, $|x - x_0| \leq r$ et $|x' - x_0| \leq r$, alors $|x - y| \geq r$ et $|x' - y| \geq r$.

Donc d'après la proposition 2, on a

$$\left|\left(\frac{\delta(y)}{\delta(x)}\right)^\beta G_D(x,y) - \left(\frac{\delta(y)}{\delta(x')}\right)^\beta G_D(x',y)\right| \leq \frac{c}{r^n}(\delta(y))^{1+\beta} \leq C\delta(y).$$

Ce qui donne d'après la continuité de $(x,y) \longmapsto \left(\frac{\delta(y)}{\delta(x)}\right)^\beta G_D(x,y)$ sur $B(x_0,r) \times D \cap B^c(x_0, 2r)$, le théorème de convergence dominée et le corollaire 3 :

$$\int_{D \cap (|x_0-y| \geq 2r)} \left|\left(\frac{\delta(y)}{\delta(x)}\right)^\beta G_D(x,y) - \left(\frac{\delta(y)}{\delta(x')}\right)^\beta G_D(x',y)\right|q(y)dy \longrightarrow 0 \ \ si \ |x - x'| \longrightarrow 0.$$

Ce qui implique que

$$|T(\theta)(x) - T(\theta)(x')| \longrightarrow 0 \ \ si \ |x - x'| \longrightarrow 0,$$

uniformément en $\theta \in \Lambda_q$.

Maintenant, soit $\varepsilon > 0$ et $x_0 \in \partial D$. Alors d'après le corollaire 4, il existe $r > 0$ tel que

$$\sup_{x \in D} \int_{D \cap B(x_0,2r)} \left(\frac{\delta(y)}{\delta(x)}\right)^\beta G_D(x,y)q(y)dy \leq \frac{\varepsilon}{2}.$$

Alors pour $x \in B(x_0, r)$, on a

$$
\begin{aligned}
|T(\theta)(x)| &\leq \int_D |(\frac{\delta(y)}{\delta(x)})^\beta G_D(x,y)|q(y)dy \\
&\leq \sup_{\xi \in D} \int_{D \cap B(x_0, 2r)} (\frac{\delta(y)}{\delta(\xi)})^\beta G_D(\xi, y)q(y)dy + \int_{D \cap (|x_0 - y| \geq 2r)} (\frac{\delta(y)}{\delta(x)})^\beta G_D(x,y)q(y)dy \\
&\leq \frac{\varepsilon}{2} + \int_{D \cap (|x_0 - y| \geq 2r)} (\frac{\delta(y)}{\delta(x)})^\beta G_D(x,y)q(y)dy.
\end{aligned}
$$

De plus, si $|x_0 - y| \geq 2r$ et $|x - x_0| \leq r$, alors $|x - y| \geq r$.
Donc d'après la proposition 2, on a

$$
\begin{aligned}
(\frac{\delta(y)}{\delta(x)})^\beta G_D(x,y) &\leq \frac{c}{r^n} \delta(y)^{\beta+1} \delta(x)^{1-\beta} \\
&\leq C\delta(y)\delta(x)^{1-\beta}.
\end{aligned}
$$

Ce qui donne d'après le théorème de convergence dominée et le corollaire 3 :

$$
\int_{D \cap (|x_0 - y| \geq 2r)} (\frac{\delta(y)}{\delta(x)})^\beta G_D(x,y)q(y)dy \longrightarrow 0 \ si \ x \longrightarrow \partial D.
$$

Il en résulte que

$$
\lim_{x \to \partial D} T(\theta)(x) = 0,
$$

uniformément en $\theta \in \Lambda_q$.
Ce qui implique que Λ_q est équicontinue dans $\overline{D}$ et $\Lambda_q \subset C_0(D)$.
Il en résulte d'après le théorème d'Ascoli que Λ_q est relativement compacte dans $C_0(D)$.

Remarque : Soit $q \in K^+(D)$, alors la famille de fonctions

$$
\mathcal{F}_q := \{x \longmapsto T(\theta)(x) = \int_D \frac{\delta(y)}{\delta(x)} G_D(x,y)\theta(y)dy, \theta \in K(D), |\theta| \leq q\}
$$

est relativement compacte dans $C(\overline{D})$.

Chapitre 3

Problème de Dirichlet singulier

3.1 Introduction

Ce chapitre est un développement des articles [14], [3] et [13]. En fait, on s'intéresse à l'existence d'une solution du problème elliptique semi-linéaire suivant :

$$(P)\begin{cases} -\Delta u = \varphi(.,u) \quad dans\ D \quad (au\ sens\ des\ distributions), \\ \\ u > 0 \quad dans\ D, \quad u_{|_{\partial D}} = 0, \end{cases}$$

où D est un domaine borné régulier de $\mathbb{R}^n (n \geq 3)$ et φ est une fonction vérifiant les hypothèses suivantes :

($\mathbf{H}_0$) $\varphi : D \times]0, +\infty[\longrightarrow [0, +\infty[$ est une fonction mesurable.
($\mathbf{H}_1$) La fonction $t \longrightarrow \varphi(x, t)$ est continue et décroissante sur $]0, +\infty[$.
($\mathbf{H}_2$) $\forall c > 0$, $\varphi(., c)$ est une fonction non triviale dans $K^+(D)$.

En utilisant, une approche basée sur la fonction de Green et la classe de Kato $K(D)$, on montre que (P) admet une solution continue positive sur D.

Ensuite, on étudie le cas particulier où $\varphi(x, t) = a(x)g(t)$, avec $a \in C_{loc}^{\alpha}(D) \cap K^+(D)$ et g est de classe C^1 et décroissante sur $]0, +\infty[$. On montre à l'aide de la méthode de sous et sur-solution que le problème (P) admet une unique solution classique et on donne un comportement asymptotique exact de cette solution à la frontière.

On achève ce chapitre par l'étude du problème semi-linéaire suivant :

$$(Q)\begin{cases} -\Delta u = a(x)u^{\sigma} \quad dans\ D, \\ \\ u > 0 \quad dans\ D, \quad u_{|_{\partial D}} = 0, \end{cases}$$

où $\sigma < 1$ et $a \in C_{loc}^{\alpha}(D)$ vérifiant pour tout $x \in D$

$$\frac{1}{c} \leq a(x)\delta(x)^{\lambda} \exp(-\int_{\delta(x)}^{\eta} \frac{z(t)}{t}dt) \leq c,$$

avec $c > 0$, $\lambda \leq 2$, $z \in C([0, \eta])$, $z(0) = 0$ et $\eta > diam(D)$.
On montre alors que le problème (Q) admet une unique solution classique, comparable à

$$\delta(x)^{\min(1, \frac{2-\lambda}{1-\sigma})} \tilde{L}(\delta(x)),$$

43

où $\tilde{L}$ est une fonction à variation régulière et lente en zéro.

3.2 Existence d'une solution du problème -$\Delta u = \varphi(., u)$

Dans ce paragraphe, on montre l'existence d'une solution du problème elliptique non linéaire suivant :

$$(P)\begin{cases} -\Delta u = \varphi(., u) & dans \ D, \\ u > 0 \ \ dans \ D \ , \ \ u|_{\partial D} = 0. \end{cases}$$

où φ est une fonction vérifiant $(H_0) - (H_2)$.

On rappelle que le potentiel Vq d'une fonction mesurable positive q sur D est défini par :

$$Vq(x) := \int_D G_D(x, y)q(y)dy.$$

Propriétés :

1) Le noyau V vérifie le principe complet du maximum. C'est à dire, pour toute fonction $f \in B^+(D)$ et v une fonction positive surharmonique telles que $Vf \le v$ sur $\{f > 0\}$, alors

$$Vf \le v \ \ dans \ D.$$

2) Pour toute fonction $\varphi \in B^+(D)$ telle que $V\varphi \in L^1_{loc}(D)$, on a

$$\triangle(V\varphi) = -\varphi \ (au \ sens \ des \ distributions) \ \ dans \ D. \tag{3.2.1}$$

3) Pour toute fonction $\varphi \in B^+(D)$, on a

$$V\varphi \neq +\infty \iff V\varphi \in L^1_{loc}(D) \iff \int_D \delta(x)\varphi(x)dx < +\infty.$$

De plus, si $\varphi \in C^\alpha_{loc}(D)$ alors $V\varphi \in C^{2+\alpha}(D) \cap C_0(D), 0 < \alpha < 1.\square$

Puisque la fonction $t \longrightarrow \varphi(., t)$ peut être singulière en $t = 0$, on commence par étudier le problème :

$$(P_\lambda)\begin{cases} -\Delta u = \varphi(., u) & dans \ D, \\ u|_{\partial D} = \lambda, \end{cases}$$

où $\lambda > 0$.

Lemme 1 :

Soit $\lambda > 0$ et soit u une fonction continue strictement positive sur D.

Alors u est une solution du problème (P_λ) si et seulement si u vérifie l'équation intgrale suivante :

$$u(x) = \lambda + \int_D G_D(x, y)\varphi(u, u(y))dy, \quad \forall x \in D.$$

Preuve :

Supposons que u est une solution continue strictement positive de (P_λ). Puisque $u > 0$ dans D et $\lim_{x \to \partial D} u(x) = \lambda > 0$, alors

$$\inf\{u(x), x \in \overline{D}\} = c > 0.$$

Il en résulte que $\varphi(.,u) \le \varphi(.,c) \in K(D)$ et par suite $\varphi(.,u) \in K(D)$.
Ce qui implique, d'après la proposition 11 (chapitre 2), que $V(\varphi(.,u)) \in C_0(D)$.
Ce qui donne, d'après (3.2.1), que u verifie

$$\begin{cases} \Delta[u - V(\varphi(.,u))] = 0 \quad (au\ sens\ des\ distributions)\ \ dans\ D, \\ \\ (u - V(\varphi(.,u)))|_{\partial D} = \lambda. \end{cases}$$

Il en résulte, d'après le principe de maximum, que $u - V(\varphi(.,u)) = \lambda$ dans D.
Réciproquement, supposons que u est une fonction continue strictement positive telle que pour tout $x \in D$,

$$u(x) = \lambda + \int_D G_D(x,y)\varphi(u,u(y))dy = \lambda + V\varphi(.,u)(x). \tag{3.2.2}$$

Il est clair que $u > \lambda$ sur D.
Alors, d'après la monotonie de φ, on a $\varphi(.,u) \le \varphi(.,\lambda) \in K(D)$ et par suite $\varphi(.,u) \in K(D)$.
Ce qui implique, d'après la proposition 11 (chapitre 2), que $V(\varphi(.,u)) \in C_0(D) \subset L^1_{loc}(D)$.
Donc on a $\lim_{x \to \partial D} V(\varphi(.,u))(x) = 0$ et par suite $\lim_{x \to \partial D} u(x) = \lambda$.
De plus, en appliquant le Laplacien Δ à l'équation (3.2.2), on obtient (au sens des distributions)

$$\Delta u = \Delta(V\varphi(.,u)) = -\varphi(.,u)\ \ dans\ D.$$

C'est à dire u est une solution de (P_λ).

Lemme 2 :

Soit $h \in B^+(D)$ et v une fonction positive surharmonique. Soit $w \in B(D)$ telle que $V(h|w|) < \infty$ et $w + V(hw) = v$. Alors

$$0 \le w \le v.$$

Preuve :

Soit $h \in B^+(D)$ et v une fonction positive surharmonique. Soit $w \in B(D)$ telle que $V(h|w|) < \infty$ et $w + V(hw) = v$.
Alors on a

$$V(hw^+) \le v + V(hw^-) \quad sur\ \{w^+ > 0\}.$$

Puisque $v + V(hw^-)$ est une fonction positive surharmonique, on conclut d'après le principe complet du maximum, que

$$V(hw^+) \le v + V(hw^-) \quad sur\ D.$$

C'est à dire $V(hw) \le v = w + V(hw)$.
Ce qui donne $0 \le w$ et par suite $0 \le w \le v$.

Proposition 1 :

Soit $\varphi : D \times]0, +\infty[\longrightarrow]0, +\infty[$ une fonction satisfaisant $(H_0) - (H_2)$ et soit $0 < \mu \leq \lambda$. Alors on a

$$0 \leq u_\lambda - u_\mu \leq \lambda - \mu,$$

où u_λ et u_μ sont des solutions respectives de (P_λ) et (P_μ).

Preuve :

Soit $\varphi : D \times]0, +\infty[\longrightarrow]0, +\infty[$ une fonction mesurable satisfaisant $(H_0) - (H_2)$ et soit $0 < \mu \leq \lambda$. Soit h la fonction définie sur D par :

$$h(x) = \begin{cases} \frac{\varphi(x, u_\lambda(x)) - \varphi(x, u_\mu(x))}{u_\mu(x) - u_\lambda(x)} & si \ u_\mu(x) \neq u_\lambda(x) \\ 0 & sinon. \end{cases}$$

Alors, on a : $u_\lambda - u_\mu + V(h(u_\lambda - u_\mu)) = \lambda - \mu$.

D'autre part, d'après (H_2), la proposition 11 (chapitre 2) et la monotonie de φ, on a

$$\begin{aligned} V(h(|u_\lambda - u_\mu|)) & \leq V(\varphi(., u_\lambda)) + V(\varphi(., u_\mu)) \\ & \leq V(\varphi(., \lambda)) + V(\varphi(., \mu)) < \infty. \end{aligned}$$

Ainsi, en utilisant le lemme 2, on obtient :

$$0 \leq u_\lambda - u_\mu \leq \lambda - \mu.$$

Théorème 1 :

Soit $\varphi : D \times]0, +\infty[\longrightarrow]0, +\infty[$ une fonction vérifiant $(H_0) - (H_2)$ et soit $\lambda > 0$. Alors le problème

$$(P_\lambda) \begin{cases} -\Delta u = \varphi(., u) \quad dans \ D, \\ \\ u|_{\partial D} = \lambda, \end{cases}$$

admet une unique solution strictement positive $u_\lambda \in C(\overline{D})$.

Preuve :

Soit $\varphi : D \times]0, +\infty[\longrightarrow]0, +\infty[$ une fonction vérifiant $(H_0) - (H_2)$ et soit $\lambda > 0$.

Alors d'après l'hypothèse (H_2) et la proposition 11 (chapitre 2), la fonction $V(\varphi(., \lambda)) \in C_0(D)$.

Maintenant, posons $\beta = \lambda + \|V(\varphi(., \lambda))\|_\infty$ et considérons le convexe fermé $Y = \{u \in C(\overline{D}) : \lambda \leq u \leq \beta\}$.

Soit T l'opérateur défini sur Y par :

$$Tu(x) = \lambda + \int_D G_D(x, y) \varphi(y, u(y)) dy.$$

Il est clair que pour tout $u \in Y$, $\lambda \leq Tu \leq \beta$.

D'autre part, on a pour tout $u \in Y$, $0 \leq \varphi(., u) \leq \varphi(., \lambda) \in K^+(D)$.

Donc en choisissant $\beta = 0$ dans le théorème 7 (chapitre 2), on déduit que la famille $\{V(\varphi(.,u)), u \in Y\}$ est relativement compacte dans $C_0(D)$. Il en résulte que TY est relativement compact $C(\overline{D})$. Maintenant, soit $u \in Y$ et $(u_k)_k$ une suite qui converge uniformément vers u, alors on a

$$|Tu_k(x) - Tu(x)| \leq \int_D G_D(x,y)|\varphi(y,u_k(y)) - \varphi(y,u(y))|dy.$$

De plus, d'après la monotonie de φ, on a

$$|\varphi(y,u_k(y)) - \varphi(y,u(y))| \leq 2\varphi(y,\lambda).$$

Comme $\varphi(.,\lambda) \in K^+(D)$, on conclut d'après la continuité de φ par rapport à la deuxième variable, le théorème de convergence dominée et la proposition 11 (chapitre 2) que pour $x \in \overline{D}$, que

$$Tu_k(x) \longrightarrow Tu(x), \quad si\ k \longrightarrow \infty.$$

Comme TY est relativement compact dans $C(\overline{D})$, alors on a

$$\|Tu_k - Tu\|_\infty \longrightarrow 0, \quad si\ k \longrightarrow \infty.$$

Ainsi d'après le théorème de Schauder, il existe $u_\lambda \in Y$ tel que

$$u_\lambda(x) = \lambda + \int_D G_D(x,y)\varphi(y,u_\lambda)dy. \tag{3.2.3}$$

Il en résulte d'après le lemme 1 que u_λ est une solution positive de (P_λ).
L'unicité de la solution découle de la proposition 1.
Ce qui achève la preuve.

Corollaire 1 :
Soit $\varphi : D\times]0, +\infty[\longrightarrow]0, +\infty[$ une fonction mesurable satisfaisant $(H_0) - (H_2)$. Soit $\lambda > 0$ et u_λ la solution du problème (P_λ).
Supposons que la fonction $\varphi(.,\lambda) \in L^\infty_{loc}(D)$, alors

$$u_\lambda \in C^1(D) \cap C(\overline{D}).$$

En particulier, si $\varphi \in C^\alpha_{loc}(D\times]0, +\infty[)$, alors $u_\lambda \in C^{2+\alpha}_{loc}(D) \cap C(\overline{D})$.

Preuve :
Soit $\varphi : D\times]0, +\infty[\longrightarrow]0, +\infty[$ une fonction mesurable satisfaisant $(H_0) - (H_2)$. Soit $\lambda > 0$ et u_λ la solution du problème (P_λ).
Supposons que la fonction $\varphi(.,\lambda) \in L^\infty_{loc}(D)$. Puisque $\varphi(.,u_\lambda) \leq \varphi(.,\lambda)$, on conclut que $\varphi(.,u_\lambda) \in L^\infty_{loc}(D)$.
De plus, on a : $u_\lambda = \lambda + V(\varphi(.,u_\lambda))$, ce qui donne d'après ([8]), que $u_\lambda \in C^1(D)$.
En particulier, si $\varphi \in C^\alpha_{loc}(D\times]0, +\infty[)$, alors $\varphi(.,\lambda) \in L^\infty_{loc}(D)$.
Donc $u_\lambda \in C^1(D)$ et par suite $\varphi(.,u_\lambda) \in C^\alpha_{loc}(D)$.
Ce qui prouve d'après ([8]) que $u_\lambda \in C^{2+\alpha}_{loc}(D)$.

Théorème 2 :

Soit $\varphi : D \times]0, +\infty[\longrightarrow]0, +\infty[$ une fonction satisfaisant $(H_0) - (H_2)$. Alors (P) admet une solution strictement positive $u \in C_0(D)$.

De plus, si $\varphi \in C_{loc}^{\alpha}(D \times]0, \infty[)$, alors $u \in C_{loc}^{2+\alpha}(D) \cap C_0(D)$.

Preuve :

Soit $\varphi : D \times]0, +\infty[\longrightarrow]0, +\infty[$ une fonction mesurable satisfaisant $(H_0) - (H_2)$.

Soit $(\lambda_k)_k$ une suite décroissante de nombres réels positifs qui tend vers zéro.

Pour tout $k \in \mathbb{N}$, posons $\beta_k = \lambda_k + \|V(\varphi(., \lambda_k))\|_{\infty}$ et notons par u_k la solution du problème (P_{λ_k}).

Alors d'après la proposition 1, la suite $(u_k)_k$ est décroissante et la suite $(u_k - \lambda_k)_k$ est croissante. Posons $u = \inf_k u_k = \sup_k(u_k - \lambda_k)$.

Il s'ensuit d'après (H_2) que pour $x \in D$,

$$
\begin{aligned}
u(x) \geq u_0(x) - \lambda_0 &= \int_D G_D(x, y)\varphi(y, u_0(y))dy \\
&\geq \int_D G_D(x, y)\varphi(y, \beta_0)dy > 0.
\end{aligned}
$$

Par suite, d'après le théorème de convergence monotone et la continuité de φ par rapport à la deuxième variable, on a

$$
u(x) = \int_D G_D(x, y)\varphi(y, u(y))dy, \quad \forall x \in D. \tag{3.2.4}
$$

Comme pour tout k, u_k est continue, il en résulte que $u = \inf_k u_k = \sup_k(u_k - \lambda_k)$ est continue dans D.

D'autre part, d'après (3.2.4), $V(\varphi(., u)) \in L_{loc}^1(D)$.

Donc, en appliquant le Laplacien Δ à l'équation (3.2.4), on obtient (au sens des distributions)

$$
\Delta u = \Delta(V(\varphi(., u))) = -\varphi(., u) \quad dans\ D.
$$

Enfin, comme $0 < u(x) \leq u_k(x)$, pour tout $x \in D$ et $k \in \mathbb{N}$, on déduit que $\lim_{x \to \partial D} u(x) = 0$.

Ainsi, u est une solution continue positive du problème (P).

Corollaire 2 :

Soit $\varphi : D \times]0, +\infty[\longrightarrow]0, +\infty[$ une fonction satisfaisant $(H_0) - (H_2)$. Alors pour toute fonction continue positive f définie sur ∂D, le problème

$$
(\mathrm{P}_f)\begin{cases} \Delta u + \varphi(., u) = 0 \quad dans\ D, \\ \\ u|_{\partial D} = f. \end{cases}
$$

admet une solution positive $u \in C(\overline{D})$.

Preuve :

Soit $\varphi : D \times]0, +\infty[\longrightarrow]0, +\infty[$ une fonction satisfaisant $(H_0) - (H_2)$. Soit f une fonction continue positive définie sur ∂D.

Soit $H_D f$ la solution du problème de Dirichlet suivant :

$$\begin{cases} \Delta w = 0 & dans \; D, \\ w|_{\partial D} = f. \end{cases}$$

On considère la fonction ψ définie sur $D \times]0, +\infty[$ par :

$$\psi(x, t) = \varphi(x, t + H_D f(x)).$$

Il est clair que ψ vérifie $(H_0) - (H_2)$.

On conclut, d'après le théorème 2, que le problème

$$\begin{cases} \Delta v + \psi(., v) = 0 & dans \; D, \\ v|_{\partial D} = 0. \end{cases}$$

admet une solution strictement positive $v \in C_0(D)$.

Posons $u = v + H_D f$, alors $u \in C(\overline{D})$ et on a

$$\begin{cases} \Delta u + \varphi(., u) = 0 & dans \; D, \\ u|_{\partial D} = f. \end{cases}$$

Ce qui donne que u est une solution du problème (P_f).$\square$

3.3 Comportement asymptotique exact de la solution dans le cas où $\varphi(x, u) = a(x)g(u)$

Dans cette partie, on va montrer l'existence, l'unicité et le comportement asymptotique exact de la solution du problème (P) dans le cas où $\varphi(x, u) = a(x)g(u)$.

Définition :
Soit h une fonction mesurable strictement positive sur $]0, \eta[$, $\eta > 0$. On dit que h est à variation régulière en zéro d'indice $-\sigma$, $\sigma \geq 0$, si pour tout $\xi > 0$

$$\lim_{t \to 0^+} \frac{h(\xi t)}{h(t)} = \xi^{-\sigma}.$$

On suppose que :
$(\mathbf{a_1})$a :$D \longrightarrow [0, +\infty[$ est une fonction mesurable positive non triviale dans $C^{\alpha}_{loc}(D) \cap K(D)$.
La fonction g vérifie les deux conditions suivantes :
$(\mathbf{g_1})$g :$]0,+\infty[\longrightarrow]0, +\infty[$ est de classe C^1 et $g'(s) \leq 0$ pour tout $s > 0$.
$(\mathbf{g_2})$ g est à variation régulière en zéro d'indice $-\sigma$, $\sigma \geq 0$.

Exemple :
Soit la fonction g définie sur $]0, +\infty[$ par $g(u) = u^{-\sigma}$, $(\sigma > 0)$.
Alors g vérifie (g_1) et (g_2).
Soit a la fonction définie dans D par :

$$a(x) = \delta(x)^{-\lambda} \log\left(\frac{2d}{\delta(x)}\right)^{-\mu}$$

49

où $d = diam(D)$, alors si l'une des conditions suivantes est satisfaite :
- $\lambda < 2$ et $\mu \in \mathbb{R}$
- $\lambda = 2$, $\mu > 1$,

la fonction a vérifie (a_1).

Théorème 3 :
Soient $a : D \longrightarrow [0, +\infty[$ une fonction vérifiant (a_1) et g une fonction vérifiant (g_1). Alors le problème

$$(P) \begin{cases} -\Delta u = a(x)g(u) & si\ x \in D \\ \\ u|_{\partial D} = 0, & u > 0, \end{cases}$$

admet une unique solution $u \in C^{2+\alpha}(D) \cap C_0(D)$.

On se propose de montrer l'existence de la solution du problème (P) par la méthode de sous et sur-solutions.

Définition :
Soit $u \in C^2(D) \cap C(\overline{D})$. On dit que u est une sur-solution (respectivement une sous-solution) de (P) si $-\Delta u \geq a(x)g(u)$ (respectivement $-\Delta u \leq a(x)g(u)$) dans D et $u|_{\partial D} = 0$.

Lemme 3 ([7])
Soit f une fonction continue localement Höldérienne sur $D \times]0, +\infty[$ et continûement dérivable par rapport à la deuxième variable.
Supposons que le problème

$$(1) \begin{cases} -\Delta u = f(x, u) & si\ x \in D \\ \\ u|_{\partial D} = 0, & u > 0, \end{cases}$$

admet une sur-solution $\bar{u}$ et une sous-solution $\underline{u}$ telles que $\underline{u} \leq \bar{u}$ dans D, alors il admet une solution $u \in C^{2+\alpha}(D) \cap C_0(D)$ satisfaisant

$$\underline{u} \leq u \leq \bar{u} \quad dans\ D.$$

Lemme 4 ([9])
Si f est décroissante par rapport à la deuxième variable sur $]0, +\infty[$. Alors le problème (1) admet au plus une solution $u \in C^{2+\alpha}(D) \cap C_0(D)$.

Preuve du Théorème 3 :
Soient a et g deux fonctions satisfaisant respectivement (a_1) et (g_1). On remarque que la fonction $v_0 = Va$ est la solution du problème

$$\begin{cases} -\Delta u = a(x), & x \in D, \\ \\ u > 0 \ dans\ D, \ u|_{\partial D} = 0. \end{cases}$$

De plus $v_0 \in C^{2+\alpha}(D) \cap C_0(D)$.

D'autre part, d'après ([14]) (théorème 6), la fonction $\bar{u} = F^{-1}(v_0)$ est une sur-solution du problème (P), où

$$F(t) = \int_0^t \frac{ds}{g(s)} \quad pour \ t > 0.$$

Puisque g est une fonction décroissante strictement positive sur $]0, +\infty[$, alors $\lim\limits_{t \to 0^+} g(t) \in]0, +\infty]$.

Ce qui implique que $\lim\limits_{t \to 0^+} \frac{g(t)}{t} = +\infty$ et par suite, il existe $c_0 \in]0, 1[$ tel que,

$$\frac{g(c_0 \|v_0\|_\infty)}{c_0} \geq 1.$$

Posons $\underline{u} = c_0 v_0$, alors $\underline{u}|_{\partial D} = 0$ et $-\Delta \underline{u} = -c_0 \Delta V a = c_0 a(x) \leq a(x) g(c_0 \|v_0\|_\infty) \leq a(x) g(\underline{u})$, pour $x \in D$. C'est à dire, $\underline{u}$ est une sous-solution de (P). De plus, puisque g est décroissante, on conclut que pour tout $x \in D$,

$$F(c_0 v_0)(x) = \int_0^{c_0 v_0(x)} \frac{ds}{g(s)} \leq \frac{c_0 v_0(x)}{g(c_0 \|v_0\|_\infty)} \leq v_0(x).$$

Ce qui donne $\underline{u} \leq \bar{u}$ dans D.

Il en résulte d'après le lemme 3 que (P) admet une solution $u \in C^{2+\alpha}(D) \cap C(\overline{D})$ telle que $\underline{u} \leq u \leq \bar{u}$ dans D.

L'unicité de la solution découle du lemme 4.$\square$

Dans la suite de ce paragraphe, supposons que la fonction a vérifie l'hypothèse suivante :

(a_2) Il existe $\delta_0 > 0$ et une fonction strictement positive décroissante $h \in C(]0, \delta_0[)$ telle que $\lim\limits_{t \to 0^+} h(t) = +\infty$ et

$$\lim_{\delta(x) \to 0} \frac{a(x)}{h(\delta(x))} = c_0 > 0.$$

Soit p l'unique solution locale du problème suivant :

$$(*) \begin{cases} -p''(t) = h(t) g(p(t)) & si \ t \in]0, \delta_0[, \\ p(t) > 0 \ si \ t \in]0, \delta_0[, \quad p(0) = 0. \end{cases}$$

Alors on a le résultat suivant.

Théorème 4 :

Soit $a : D \longrightarrow [0, +\infty[$ une fonction vérifiant (a_1) et (a_2) et g une fonction satisfaisant (g_1) et (g_2). Alors la solution u du problème (P) vérifie

$$\lim_{\delta(x) \to 0} \frac{u(x)}{p(\delta(x))} = c_0^{\frac{1}{\sigma+1}}.$$

Pour démontrer le théorème 4, on a besoin de deux résultats suivants.

Lemme 5 ([11])

Soit $f :]0, +\infty[\longrightarrow]0, +\infty[$ une fonction continue décroissante telle que $\lim\limits_{t \to 0^+} f(t) = +\infty$, alors

$$\lim_{t \to 0^+} \frac{\int_t^b f(s) ds}{f(t)} = 0, \quad pour \ b > 0.$$

Proposition 2 :

Soit g une fonction satisfaisant (g_1) et soit $h :]0, \eta[\longrightarrow]0, +\infty[$ une fonction continue décroissante telle que $\lim\limits_{t\to 0^+} h(t) = +\infty$.

Soit p la solution locale du problème $(*)$, alors on a

$$\lim_{s\to 0^+} \frac{p'(s)}{p''(s)} = 0.$$

Preuve :

Puisque p est une solution locale de $(*)$, alors il existe $b > 0$ tel que $p''(s) < 0$ pour tout $s \in]0, b[$.

Donc p est une fonction strictement positive et concave dans $]0, b[$ et $p(0) = 0$. Ce qui prouve que $\lim\limits_{t\to 0^+} p'(t) \in]0, +\infty[$.

Alors, on peut choisir $0 < \gamma < \eta$ tel que $p'(t) > 0$ pour $t \in]0, \gamma]$.

Maintenant, on multiplie l'équation du problème $(*)$ par $2p'(s)$, puis on intègre sur $[t, \gamma]$, on obtient

$$-\int_t^\gamma p''(s)p'(s)ds = \int_t^\gamma h(s)g(p(s))p'(s)ds.$$

Ce qui donne que

$$2\int_t^\gamma h(s)g(p(s))p'(s)ds = -2\int_t^\gamma p''(s)p'(s)ds = p'(\gamma)^2 - p'(t)^2.$$

C'est à dire :

$$p'(t)^2 = p'(\gamma)^2 + 2\int_{p(t)}^{p(\gamma)} h(p^{-1}(r))g(r)dr.$$

Il est clair que $f(r) := h(p^{-1}(r))g(r)$ est une fonction continue décroissante sur $]0, p(\gamma)[$ et $\lim\limits_{r\to 0^+} f(r) = +\infty$.

On déduit, d'après le lemme 5, que

$$\lim_{t\to 0^+} \frac{\int_{p(t)}^{p(\gamma)} h(p^{-1}(r))g(r)dr}{h(t)g(p(t))} = \lim_{s\to 0^+} \frac{\int_s^{p(\gamma)} h(p^{-1}(r))g(r)dr}{h(p^{-1}(s))g(s)} = 0.$$

Ce qui implique que

$$\lim_{t\to 0^+} \frac{(p'(t))^2}{h(t)g(p(t))} = \lim_{t\to 0^+} \frac{(p'(\gamma))^2 + 2\int_{p(t)}^{p(\gamma)} h(p^{-1}(r))g(r)dr}{h(t)g(p(t))} = 0.$$

C'est à dire

$$\lim_{t\to 0^+} \frac{(p'(t))^2}{p''(t)} = 0.$$

Donc

$$\lim_{t\to 0^+} \frac{p'(t)}{p''(t)} = \lim_{t\to 0^+} \frac{(p'(t))^2}{p''(t)} \lim_{t\to 0^+} \frac{1}{p'(t)} = 0.$$

Preuve du théorème 4 : ([18])

Fixons $\varepsilon \in]0, \frac{1}{4}[$ et soit $\xi_1 = (\frac{c_0}{1-2\varepsilon})^{\frac{1}{1+\sigma}}$ et $\xi_2 = (\frac{c_0}{1+2\varepsilon})^{\frac{1}{1+\sigma}}$.

Puisque D est régulier, on peut choisir d'après la proposition 2, $\eta > 0$ et très petit tel que

52

i) $\delta(x) \in C^2(D_\eta)$;

ii) $|\frac{p'(s)}{p''(s)} \Delta\delta(x)| < \varepsilon, \forall (x,s) \in D_\eta \times (0, \eta)$;

iii) $\frac{\xi_2 h(\delta(x)) g(p(\delta(x)))}{g(p(\delta(x)) \xi_2)} (1 + \varepsilon) \le a(x) \le \frac{\xi_1 h(\delta(x)) g(p(\delta(x)))}{g(p(\delta(x)) \xi_1)} (1 - \varepsilon), \forall x \in D_\eta$;

où $D_\eta = \{x \in D, \delta(x) \le \eta\}$.

Pour $x \in D_\eta$, on définit $\bar{u} = \xi_1 p(\delta(x))$ et $\underline{u} = \xi_2 p(\delta(x))$.

Comme $|\nabla\delta(x)| = 1$, alors

$$
\begin{aligned}
\Delta\bar{u}(x) + a(x)g(\bar{u}(x)) &= a(x)g(\xi_1 p(\delta(x))) + \xi_1 p'(\delta(x))\Delta\delta(x) + \xi_1 p''(\delta(x)) \\
&= \xi_1 h(\delta(x))g(p(\delta(x)))[\frac{a(x)g(\xi_1 p(\delta(x)))}{\xi_1 h(\delta(x))g(p(\delta(x)))} - 1 - \frac{p'(\delta(x))}{p''(\delta(x))}\Delta\delta(x)] \\
&\le \xi_1 h(\delta(x))g(p(\delta(x)))[(1-\varepsilon) - 1 - \frac{p'(\delta(x))}{p''(\delta(x))}\Delta\delta(x)] \le 0
\end{aligned}
$$

et

$$
\begin{aligned}
\Delta\underline{u}(x) + a(x)g(\underline{u}(x)) &= a(x)g(\xi_2 p(\delta(x))) + \xi_2 p'(\delta(x))\Delta\delta(x) + \xi_2 p''(\delta(x)) \\
&= \xi_2 h(\delta(x))g(p(\delta(x)))[\frac{a(x)g(\xi_2 p(\delta(x)))}{\xi_2 h(\delta(x))g(p(\delta(x)))} - 1 - \frac{p'(\delta(x))}{p''(\delta(x))}\Delta\delta(x)] \\
&\ge \xi_2 h(\delta(x))g(p(\delta(x)))[(1+\varepsilon) - 1 - \frac{p'(\delta(x))}{p''(\delta(x))}\Delta\delta(x)] \ge 0.
\end{aligned}
$$

Maintenant, soit $u \in C(\overline{D}) \cap C^{2+\alpha}(D)$ une solution du problème (P).

On pose $w = u - \underline{u}$, alors $w = 0$ sur ∂D.

De plus, si $x \in D_{\frac{\eta}{2}} := \{x \in D, \delta(x) \le \frac{\eta}{2}\}$ et $u(x) < \underline{u}(x)$, on a d'après la monotonie de g

$$\Delta\underline{u}(x) - \Delta u(x) = \Delta\underline{u}(x) + a(x)g(u(x)) \ge \Delta\underline{u}(x) - a(x)g(\underline{u}(x)) \ge 0.$$

C'est à dire $\Delta w \le 0$ dans $A = \{x \in D_{\frac{\eta}{2}}, w(x) < 0\}$.

Il en résulte d'après le principe du maximum que w atteint son minimum sur ∂A.

Puisque $w < 0$ dans A, alors A est vide.

Ce qui donne $\underline{u} \le u$ dans $D_{\frac{\eta}{2}}$.

De plus, on montre d'une façon similaire que $u \le \bar{u}$ dans $D_{\frac{\eta}{2}}$.

Ainsi $(\frac{c_0}{1+2\varepsilon})^{\frac{1}{1+\sigma}} p(\delta(x)) \le u(x) \le (\frac{c_0}{1-2\varepsilon})^{\frac{1}{1+\sigma}} p(\delta(x)), \forall x \in D_{\frac{\eta}{2}}$.

Il en résulte que $\lim\limits_{\delta(x)\to 0} \frac{u(x)}{p(\delta(x))} = c_0^{\frac{1}{1+\sigma}}$.

Corollaire 4 :

Soit $a : D \longrightarrow [0, +\infty[$ une fonction satisfaisant (a_1) et (a_2) et soit $g(u) = u^{-\sigma}$ $(\sigma > 0)$.

Alors la solution u du problème (P) vérifie

$$\lim\limits_{\delta(x)\to 0} \frac{u(x)}{p(\delta(x))} = c_0^{\frac{1}{1+\sigma}}.$$

En particulier

$$u(x) \approx p(\delta(x)),$$

où p est l'unique solution locale du problème $(*)$.

Preuve :
Soit $g(u) = u^{-\sigma}$, $\sigma > 0$. Il est clair que g satisfait (g_1) et (g_2), alors d'après le théorème 4 la solution vérifie

$$\lim_{\delta(x) \to 0} \frac{u(x)}{p(\delta(x))} = c_0^{\frac{1}{1+\sigma}},$$

où $p \in C([0, \eta]) \cap C^2(]0, \eta[)$ est une solution locale du problème $(*)$ et $\eta \geq diam(D)$.
Ce qui implique qu'il existe $\delta_0 > 0$ tel que $\frac{1}{2}c_0^{\frac{1}{1+\sigma}} \leq \frac{u(x)}{p(\delta(x))} \leq \frac{3}{2}c_0^{\frac{1}{1+\sigma}}$ sur
$D_{\delta_0} := \{x \in D, \delta(x) < \delta_0\}$.
D'autre part, la fonction $x \longmapsto \frac{u(x)}{p(\delta(x))}$ est continue strictement positive sur le compact $\overline{D}\backslash D_{\delta_0}$.
Alors il existe $c > 0$ tel que pour tout $x \in D\backslash D_{\delta_0}$, on a

$$\frac{1}{c} \leq \frac{u(x)}{p(\delta(x))} \leq c.$$

Il en résulte qu'il existe une constante $C > 0$ telle que

$$\frac{1}{C}p(\delta(x)) \leq u(x) \leq Cp(\delta(x)), \quad pour\ tout\ x \in D.$$

Ce qui achève la preuve.

Exemples
1) Soit $h(s) = s^{-\beta}$ avec $\max(0, 1-\sigma) < \beta < 2$, alors $p(s) = (\frac{(1+\sigma)^2}{(2-\beta)(\sigma+\beta-1)})^{\frac{1}{1+\sigma}} s^{\frac{2-\beta}{1+\sigma}}$ est la solution locale du problème $(*)$ où $g(u) = u^{-\sigma}$, $(\sigma > 0)$.
Ce qui implique, d'après le corollaire 4, que la solution u de (P) vérifie

$$\lim_{\delta(x) \to 0} \frac{u(x)}{(\delta(x))^{\frac{2-\beta}{1+\sigma}}} = (\frac{c_0(1+\sigma)^2}{(2-\beta)(\sigma+\beta-1)})^{\frac{1}{1+\sigma}}.$$

Il en résulte que $u(x) \approx (\delta(x))^{\frac{2-\beta}{1+\sigma}}$.
2) Soit g une fonction définie sur $]0, +\infty[$ par :

$$g(t) = \begin{cases} -\log t & si\ 0 < t < \frac{1}{e} \\ \frac{1}{et} & si\ t \geq \frac{1}{e}. \end{cases}$$

Il est clair que g vérifie les deux conditions (g_1) et (g_2), où $\sigma = 0$.
Soit $0 < \mu < 1$ et h la fonction définie sur $]0, 1[$ par :

$$h(t) = (\mu - 1)\frac{t^{\mu-2}}{\log t}.$$

Soit $c_0 > 0$ et a la fonction définie sur D par

$$a(x) = c_0 \frac{(1-\mu)}{\delta(x)^{2-\mu}(\log(\frac{2d}{\delta(x)}))},$$

où $d = diam(D)$.
Comme $0 < 2 - \mu < 1$, alors $a \in C_{loc}^{\alpha} \cap K(D)$, $0 < \alpha < 1$.

Par suite, a vérifie (a_1) et (a_2).

De plus, on vérifie que $p(t) = t^\mu$ est l'unique solution du problème

$$\begin{cases} p''(t) = h(t) \log p(t) & t \in]0, \frac{1}{e}[\\ p(t) > 0 & t \in]0, \frac{1}{e}[, \quad p(0) = 0. \end{cases}$$

Il en résulte d'après les théorèmes 3 et 4, que (P) admet une unique solution $u \in C^{2+\alpha} \cap C_0(D)$ telle que

$$\lim_{\delta(x) \to 0} \frac{u(x)}{\delta(x)^\mu} = c_0.$$

Par suite, $u(x) \approx \delta(x)^\mu$.

Lemme 6 (Lemme de Karamata)

Soit $f :]0, \eta] \longrightarrow]0, +\infty[$ une fonction de classe C^1 telle que

$$\lim_{t \to 0^+} \frac{t f'(t)}{f(t)} = \alpha.$$

Alors

• Si $\alpha > -1 \Longrightarrow f$ est intégrable sur $]0, \eta]$ et

$$\int_0^t f(s)ds \underset{t \to 0^+}{\sim} \frac{t f(t)}{\alpha + 1}.$$

• Si $\alpha < -1 \Longrightarrow f$ n'est pas intégrable sur $]0, \eta]$ et

$$\int_t^\eta f(s)ds \underset{t \to 0^+}{\sim} -\frac{t f(t)}{\alpha + 1}.$$

Proposition 3 :

Soit h la fonction définie sur $]0, 1[$ par :

$$h(t) = t^{-\lambda} \exp\left(\int_t^1 \frac{z(s)}{s} ds\right),$$

où $\lambda \in \mathbb{R}$, z est une fonction continue sur $[0, 1]$ avec $z(0) = 0$.

Supposons que $\int_0^1 t h(t) dt < \infty$, alors la solution du problème

$$\begin{cases} -p''(t) = h(t), & 0 < t < 1 \\ p(t) > 0, & p(0) = p(1) = 0, \end{cases}$$

vérifie

• Si $\lambda = 2$, alors $p(t) \underset{t \to 0^+}{\sim} \int_0^t s h(s) ds$.

• Si $1 < \lambda < 2$, alors $p(t) \underset{t \to 0^+}{\sim} \frac{t^2 h(t)}{(\lambda - 1)(2 - \lambda)}$.

• Si $\lambda = 1$ et $\int_0^1 h(s) ds$ converge, alors $p(t) \underset{t \to 0^+}{\sim} t \int_0^1 (1 - s) h(s) ds$.

• Si $\lambda = 1$ et $\int_0^1 h(s) ds$ diverge, alors $p(t) \underset{t \to 0^+}{\sim} t \int_t^1 h(s) ds$.

• Si $\lambda < 1$, alors $p(t) \underset{t \to 0^+}{\sim} t \int_0^1 (1 - s) h(s) ds$.

Preuve :

Soit h la fonction définie sur $]0,1[$ par :

$$h(t) = t^{-\lambda} \exp(\int_t^1 \frac{z(s)}{s} ds)$$

et soit p la solution du problème

$$\begin{cases} -p''(t) = h(t), & 0 < t < 1 \\ p(t) > 0, & p(0) = p(1) = 0. \end{cases}$$

Alors on a :

$$p(t) = \int_0^1 \min(t,s)(1 - \max(t,s))h(s)ds.$$

C'est à dire

$$\begin{aligned} p(t) &= \int_0^t s(1-t)h(s)ds + \int_t^1 t(1-s)h(s)ds \\ &= \int_0^t sh(s)ds + t\int_t^1 h(s)ds - t\int_0^t sh(s)ds \\ &= p_1(t) + p_2(t) + p_3(t). \end{aligned}$$

1er **cas :** Si $\lambda < 2$, on pose $\varphi(t) = th(t)$.
Il est clair que $\varphi \in C^1(]0,1])$ et

$$\lim_{t \to 0^+} \frac{t\varphi'(t)}{\varphi(t)} = 1 - \lambda.$$

Puisque $(1 - \lambda) > -1$, alors d'après le lemme 6, on a

$$p_1(t) = \int_0^t sh(s)ds \underset{t \to 0^+}{\sim} \frac{t^2 h(t)}{2 - \lambda}.$$

• Si $\lambda < 1$, on sait que

$$\lim_{t \to 0^+} \frac{th'(t)}{h(t)} = -\lambda > -1.$$

Donc d'après le lemme 6, on a $\int_0^1 h(s)ds < \infty$ et

$$\int_0^t h(s)ds \underset{t \to 0^+}{\sim} \frac{th(t)}{1 - \lambda}.$$

Ce qui implique que $\lim_{t \to 0^+} th(t) = 0$.
Par suite

$$\frac{p_1(t)}{t} \underset{t \to 0^+}{\sim} \frac{th(t)}{2 - \lambda} \underset{t \to 0^+}{\longrightarrow} 0.$$

Il en résulte que

$$p(t) \underset{t \to 0^+}{\sim} t(\int_t^1 h(s)ds - \int_0^1 sh(s)ds) \underset{t \to 0^+}{\sim} t\int_0^1 (1-s)h(s)ds.$$

• Si $1 < \lambda < 2$, de même, en utilisant le lemme 6, on obtient que $\int_0^1 h(s)ds$ diverge et

$$\frac{p_2(t)}{t} = \int_t^1 h(s)ds \underset{t \to 0^+}{\sim} \frac{th(t)}{\lambda - 1}.$$

C'est à dire

$$\lim_{t \to 0^+} th(t) = (\lambda - 1) \lim_{t \to 0^+} \frac{p_2(t)}{t} = +\infty.$$

De même, on a

$$\lim_{t \to 0^+} \frac{p_1}{t} = \lim_{t \to 0^+} \frac{th(t)}{2 - \lambda} = +\infty.$$

Ce qui implique que

$$p(t) \underset{t \to 0^+}{\sim} p_1(t) + p_2(t) \underset{t \to 0^+}{\sim} \frac{t^2 h(t)}{(\lambda - 1)(2 - \lambda)}.$$

• Si $\lambda = 1$ et $\int_0^1 h(s)ds$ converge, puisque $\lim\limits_{t \to 0^+} \frac{th'(t)}{h(t)} = -1$, alors $h'(t) < 0$ pour t assez petit.
Donc, par une intégration par parties, on obtient pour t assez petit

$$\int_0^t h(s)ds = th(t) - \int_0^t sh'(s)ds.$$

Ce qui donne que $0 \leq th(t) \leq \int_0^t h(s)ds$, pour $t \to 0^+$.
Ainsi $\lim\limits_{t \to 0^+} th(t) = 0$ et

$$\lim_{t \to 0^+} \frac{p_1(t)}{t} = \lim_{t \to 0^+} \frac{th(t)}{2 - \lambda} = 0.$$

On conclut que

$$p(t) \underset{t \to 0^+}{\sim} p_2(t) - p_3(t) \underset{t \to 0^+}{\sim} t \int_0^1 (1 - s)h(s)ds.$$

• Si $\lambda = 1$ et $\int_0^1 h(s)ds$ diverge, on a

$$\lim_{t \to 0^+} \frac{p_3(t)}{p_2(t)} = \lim_{t \to 0^+} \frac{\int_0^1 sh(s)ds}{\int_t^1 h(s)ds} = 0.$$

De plus, comme

$$\lim_{t \to 0^+} \frac{th'(t)}{h(t)} = -1,$$

on a

$$\int_t^1 h(s)ds \underset{t \to 0^+}{\sim} - \int_t^1 sh'(s)ds = th(t) - h(1) + \int_t^1 h(s)ds.$$

D'autre part, puisque $\int_0^1 h(s)ds$ diverge, on a

$$\begin{aligned}
\lim_{t \to 0^+} \frac{p_1(t)}{p_2(t)} &= \lim_{t \to 0^+} \frac{1}{2 - \lambda} \frac{t^2 h(t)}{t \int_t^1 h(s)ds} \\
&= 0.
\end{aligned}$$

Il en résulte que $p(t) \underset{t \to 0^+}{\sim} p_2(t) = t \int_t^1 h(s)ds$.

2ème **cas :** Si $\lambda = 2$, puisque $\lim\limits_{t \to 0^+} \frac{th'(t)}{h(t)} = -2 < -1$, alors d'après le lemme 6, $\int_0^1 h(s)ds$ diverge et

$$\int_t^1 h(s)ds \underset{t \to 0^+}{\sim} th(t).$$

En particulier, $\lim\limits_{t \to 0^+} th(t) = +\infty$.

Ce qui implique, par une intégration par parties, que pour t assez petit

$$\int_0^t sh(s)ds = \frac{t^2}{2}h(t) - \int_0^t \frac{s^2h'(s)}{2}ds \geq \frac{t^2}{2}h(t).$$

Ce qui donne

$$\lim\limits_{t \to 0^+} \frac{p_3(t)}{p_1(t)} = \int_0^1 sh(s)ds \lim\limits_{t \to 0^+} \frac{t}{\int_0^t sh(s)ds} = 0.$$

D'autre part, posons $\varphi(t) = th(t)$ pour tout $t \in]0, 1[$. Alors

$$\lim\limits_{t \to 0^+} \frac{t\varphi'(t)}{\varphi(t)} = -1$$

et

$$\int_0^t \varphi(s)ds \underset{t \to 0^+}{\sim} -\int_0^t s\varphi'(s)ds = -t\varphi(t) + \int_0^t \varphi(s)ds.$$

Ce qui prouve que

$$\lim\limits_{t \to 0^+} \frac{t\varphi(t)}{\int_0^t \varphi(s)ds} = 0.$$

Donc, on conclut d'après ce qui précéde, que

$$\lim\limits_{t \to 0^+} \frac{p_2(t)}{p_1(t)} = \lim\limits_{t \to 0^+} \frac{\int_t^1 h(s)ds}{th(t)} \lim\limits_{t \to 0^+} \frac{t\varphi(t)}{\int_0^t \varphi(s)ds} = 0.$$

Il en résulte que $p(t) \underset{t \to 0^+}{\sim} p_1(t) = \int_0^t sh(s)ds$.

Ce qui achève la preuve.$\square$

3.4 Comportement asymptotique de la solution d'un problème de Dirichlet semi-linéaire

Dans ce paragraphe, on se propose de donner des estimations de la solution du problème suivant

$$(Q)\begin{cases} -\Delta u = a(x)u^\sigma & dans\ D, \\ u > 0 \quad dans\ D,\ u|_{\partial D} = 0, \end{cases}$$

où $\sigma < 1$ et la fonction a vérifie :
($\mathbf{a}_3$) $a \in C_{loc}^{\alpha}(D), 0 < \alpha < 1$ et pour tout $x \in D$,

$$a(x) \approx \delta(x)^{-\lambda} L(\delta(x))$$

avec $\lambda \leq 2$ et $L \in \mathcal{K}$ tel que $\int_0^{\eta} t^{1-\lambda} L(t) dt < \infty$.

L'ensemble $\mathcal{K}$ est défini comme suit :
Définition :
Soit $\eta > diam(D)$. Une fonction $L :]0, \eta] \longrightarrow]0, +\infty[$ est dite dans l'ensemble $\mathcal{K}$ si

$$L(t) = \exp(\int_t^{\eta} \frac{z(s)}{s} ds),$$

où $z \in C([0, \eta])$ et $z(0) = 0$.

Propriétés ([16])
1) Une fonction $L \in \mathcal{K}$ si et seulement si L est strictement positive et

$$L \in C^1(]0, \eta]) \; telle \; que \; \lim_{t \to 0^+} \frac{t L'(t)}{L(t)} = 0 \; et \; L(\eta) = 1.$$

2) Soit $L \in \mathcal{K}$, alors pour $\gamma > -1$, on a

$$\int_0^{\eta} t^{\gamma} L(t) dt < \infty.$$

3) Soit $L_1, L_2 \in \mathcal{K}, p \in \mathbb{R}$. Alors
$$L_1 L_2 \in \mathcal{K}, \quad L_1^p \in \mathcal{K}.$$

4) Soit $L \in \mathcal{K}$ et $\varepsilon > 0$. Alors $\lim_{t \to 0^+} t^{\varepsilon} L(t) = 0$.

Exemple :
Soit $m \in \mathbb{N}^*$ et $\eta \geq diam(D)$. On choisit un réel w strictement positif tel que la fonction

$$L(t) = \prod_{1 \leq k \leq m} (\log_k \frac{w}{t})^{-\mu_k},$$

soit définie et positive sur $]0, \eta]$ et $L(\eta) = 1$. Ici $\mu_k \in \mathbb{R}$ et $\log_k t = \log \circ .... \circ \log t (kfois)$.
Alors $L \in \mathcal{K}.\square$

Théorème 5 :
Soit a une fonction satisfaisant (a_3) et $\sigma < 1$. Alors le problème (Q) admet une unique solution
$u \in C^{2+\alpha}(D) \cap C_0(D)$ vérifiant pour $x \in D$,

$$u(x) \approx \theta_{\lambda}(\delta(x))$$

où θ_{λ} est la fonction définie sur $]0, \eta[$ par

$$\theta_\lambda(t) := \begin{cases} (\int_0^t \frac{L(s)}{s}ds)^{\frac{1}{1-\sigma}}, & si\ \lambda = 2 \\[2mm] t^{\frac{2-\lambda}{1-\sigma}}(L(t))^{\frac{1}{1-\sigma}}, & si\ 1+\sigma < \lambda < 2 \\[2mm] t(\int_t^\eta \frac{L(s)}{s}ds)^{\frac{1}{1-\sigma}}, & si\ \lambda = 1+\sigma \\[2mm] t, & si\ \lambda < 1+\sigma. \end{cases}$$

Pour démontrer le théorème 5, on a besoin de deux propositions suivantes.

Proposition 4 :

Soit a une fonction satisfaisant (a_3). Alors on a pour $x \in D$,

$$V a(x) \approx \psi(\delta(x)),$$

où ψ est définie sur $]0, \eta]$ par

$$\psi(t) := \begin{cases} \int_0^t \frac{L(s)}{s}ds, & si\ \lambda = 2 \\[2mm] t^{2-\lambda}L(t), & si\ 1 < \lambda < 2 \\[2mm] t \int_t^\eta \frac{L(s)}{s}ds, & si\ \lambda = 1 \\[2mm] t, & si\ \lambda < 1. \end{cases}$$

Preuve :

Soit $L \in \mathcal{K}$ telle que $\int_0^\eta t^{1-\lambda}L(t)dt < \infty$ et

$$a(x) \approx \delta(x)^{-\lambda}L(\delta(x)) := f(x).$$

D'après le théorème 4 $(g \equiv 1)$, on conclut que $\lim\limits_{\delta(x)\to 0} \frac{Vf(x)}{p(\delta(x))} = 1$,

où p est la solution du problème suivant :

$$\begin{cases} -p''(t) = t^{-\lambda}L(t), \\ p(0) = p(\eta) = 0. \end{cases}$$

De plus, puisque les fonctions Vf et $p(\delta(.))$ sont strictement positives et continues sur D, alors

$$V a(x) \approx V f(x) \approx p(\delta(x)).$$

Or, d'après la proposition 3, on a $p(t) \approx \psi(t)$.

Par suite, $V a(x) \approx \psi(\delta(x)), \quad x \in D$.

Proposition 5 :

Soit a une fonction satisfaisant (a_3). Alors on a

$$V(a\theta_\lambda^\sigma(\delta(.)))(x) \approx \theta_\lambda(\delta(x)).$$

Preuve :

Soit $L \in \mathcal{K}$ satisfaisant $\int_0^\eta t^{1-\lambda} L(t) dt < \infty$ et $a(x) \approx \delta(x)^{-\lambda} L(\delta(x))$.

Par un calcul simple, on obtient

$$
a(x)\theta_\lambda^\sigma(\delta(x)) \approx h(\delta(x)) := \begin{cases}
\delta(x)^{-2} L(\delta(x)) \left(\int_0^{\delta(x)} \frac{L(t)}{t} dt \right)^{\frac{\sigma}{1-\sigma}}, & si\ \lambda = 2 \\[2mm]
\delta(x)^{-\frac{\lambda-2\sigma}{1-\sigma}} (L(\delta(x)))^{\frac{1}{1-\sigma}}, & si\ 1+\sigma < \lambda < 2 \\[2mm]
\delta(x)^{-1} L(\delta(x)) \left(\int_{\delta(x)}^\eta \frac{L(t)}{t} dt \right)^{\frac{\sigma}{1-\sigma}}, & si\ \lambda = 1+\sigma \\[2mm]
\delta(x)^{-(\lambda-\sigma)} L(\delta(x)), & si\ \lambda < 1+\sigma.
\end{cases}
$$

D'autre part, en utilisant les remarques 2 et 3, on voit que $h(\delta(x)) = \delta(x)^{-\mu} \mathbfit{\L}(\delta(x))$, où $\mathbfit{\L} \in \mathcal{K}$, $\mu \leq 2$ et $\int_0^\eta t^{1-\mu} \mathbfit{\L}(t) dt < \infty$.

Ce qui donne, d'après la proposition 4, que

$$
V(a\theta_\lambda^\sigma(\delta(.)))(x) \approx V(h(\delta(.)))(x) \approx \begin{cases}
\int_0^{\delta(x)} \frac{\mathbfit{\L}(s)}{s} ds, & si\ \mu = 2 \\[2mm]
\delta(x)^{2-\mu} \mathbfit{\L}(\delta(x)), & si\ 1 < \mu < 2 \\[2mm]
\delta(x) \int_{\delta(x)}^\eta \frac{\mathbfit{\L}(s)}{s} ds, & si\ \mu = 1 \\[2mm]
\delta(x), & si\ \mu < 1.
\end{cases}
$$

C'est à dire

$$
V(a\theta_\lambda^\sigma(\delta(.)))(x) \approx \begin{cases}
\int_0^{\delta(x)} \frac{L(s)}{s} \left(\int_0^s \frac{L(t)}{t} dt \right)^{\frac{\sigma}{1-\sigma}} ds, & si\ \lambda = 2 \\[2mm]
\delta(x)^{2-\frac{\lambda-2\sigma}{1-\sigma}} (L(\delta(x)))^{\frac{1}{1-\sigma}}, & si\ 1 < \frac{\lambda-2\sigma}{1-\sigma} < 2 \\[2mm]
\delta(x) \int_{\delta(x)}^\eta \frac{L(s)}{s} \left(\int_s^\eta \frac{L(t)}{t} dt \right)^{\frac{\sigma}{1-\sigma}} ds, & si\ \lambda - \sigma = 1 \\[2mm]
\delta(x), & si\ \lambda - \sigma < 1.
\end{cases}
$$

$$
\approx \begin{cases}
\left(\int_0^{\delta(x)} \frac{L(s)}{s} \right)^{\frac{1}{1-\sigma}} ds, & si\ \lambda = 2 \\[2mm]
\delta(x)^{\frac{2-\lambda}{1-\sigma}} (L(\delta(x)))^{\frac{1}{1-\sigma}}, & si\ 1+\sigma < \lambda < 2 \\[2mm]
\delta(x) \left(\int_{\delta(x)}^\eta \frac{L(s)}{s} \right)^{\frac{1}{1-\sigma}} ds, & si\ \lambda = 1+\sigma \\[2mm]
\delta(x), & si\ \lambda < 1+\sigma.
\end{cases}
$$

Ce qui achève la preuve.

Preuve du Théorème 5 :
• **Existence et comportement asymptotique** : Soit a une fonction satisfaisant (a_3). On cherche une sous-solution(respectivement une sur-solution) de (Q) sous la forme $cV(a\phi^\sigma)$ où $c > 0$ et $\phi(x) = (\delta(x))^\beta L_0(\delta(x))$. Alors ϕ vérifie nécéssairement

$$V(a\phi^\sigma)(x) \approx \phi(x). \tag{3.4.5}$$

Ainsi, on choisi β et $L_0 \in \mathcal{K}$ telle que la condition (3.4.4) soit satisfaite.
Posons $\phi(x) = \theta_\lambda(\delta(x))$. On conclut d'après la proposition 5, que ϕ vérifie (3.4.4).
Soit $v(x) = V(a\theta_\lambda^\sigma)(\delta(.)))(x)$. Alors il existe $m > 0$ tel que

$$\frac{1}{m}\theta_\lambda(\delta(x)) \leq v(x) \leq m\theta_\lambda(\delta(x)).$$

Posons $c = m^{\frac{|\sigma|}{1-\sigma}}$, on vérifie facilement que $\frac{1}{c}v$ et cv sont respectivement une sous-solution et sur-solution du problème (Q).
Il en résulte d'après le lemme 3, qu'il existe une solution classique u du problème (Q) telle que $\frac{1}{c}v \leq u \leq cv$.
Par suite $u \approx \theta_\lambda(\delta(.))$.
• **Unicité** :
Soit $\sigma < 0$ et soient u et v deux solutions du problème (Q).
Posons $E := \{x \in D, u(x) < v(x)\}$ et supposons que $E \neq \emptyset$.
Donc il existe $x_0 \in D$ tel que $\sup_{x \in \overline{D}}(v - u)(x) = v(x_0) - u(x_0) > 0$.
On conclut alors que $\Delta(v - u)(x_0) \leq 0$.
Ce qui implique que

$$0 \leq -\Delta(v - u)(x_0) = a(x_0)(v^\sigma - u^\sigma)(x_0) < 0.$$

Ce qui est absurde. Donc $E = \emptyset$ et $u = v$.
Soit $0 \leq \sigma < 1$, alors on montre l'unicité dans le cône suivant

$$\Gamma = \{u \in C^{2+\alpha}(D) \cap C_0(D) : u(x) \approx \theta_\lambda(\delta(x))\}.$$

Soient u et v deux solutions du problème (Q) dans Γ. Alors il existe deux constantes $c_1, c_2 > 0$ telles que pour tout $x \in D$,

$$\frac{1}{c_1}\theta_\lambda(\delta(x)) \leq u(x) \leq c_1\theta_\lambda(\delta(x))$$

et

$$\frac{1}{c_2}\theta_\lambda(\delta(x)) \leq v(x) \leq c_2\theta_\lambda(\delta(x)).$$

Ce qui implique qu'il existe $m \geq 1$ tel que

$$\frac{1}{m} \leq \frac{v}{u} \leq m.$$

Considérons l'ensemble $J := \{t \in [0, 1] : tu \leq v\}$. Il est clair que $J \neq \emptyset$ et J est majoré par 1. Posons $c := \sup J$ et supposons que $c < 1$. On a :

$$\begin{cases} -\Delta(v - c^\sigma u) = a(x)(v^\sigma - c^\sigma u^\sigma) \geq 0 & dans\ D, \\ (v - c^\sigma u)|_{\partial D} = 0. \end{cases}$$

Ce qui donne d'après le principe du maximum que $v - c^\sigma u \geq 0$ sur D et par suite $cu < c^\sigma u \leq v$. Ce qui est absurde car $c = \sup J$. Donc $c = 1$ et par symétrie, on conclut que $u = v$.□

Application :

Soit a une fonction satisfaisant (a_3) et soient α et β dans $]-\infty, 1[$.
Considérons le problème suivant

$$(1) \begin{cases} -\Delta u + \frac{\beta}{u}|\nabla u|^2 = a(x)u^\alpha, & dans\ D \\ \\ u > 0,\ dans\ D, \qquad u|_{\partial D} = 0. \end{cases}$$

Posons $v = u^{1-\beta}$. Alors par un calcul simple, le problème (1)
se transforme en

$$(2) \begin{cases} -\Delta v = (1-\beta)a(x)v^{\frac{\alpha-\beta}{1-\beta}}, & dans\ D, \\ \\ v > 0,\ dans\ D, \qquad v|_{\partial D} = 0. \end{cases}$$

De plus, puisque $\alpha < 1$ et $\beta < 1$, alors $\frac{\alpha-\beta}{1-\beta} < 1$.
Ainsi, en utilisant le théorème 5, on déduit que le problème (2) admet une unique solution classique v vérifiant

$$v(x) \approx k(\delta(x)) := \begin{cases} (\int_0^{\delta(x)} \frac{L(t)}{t} dt)^{\frac{1-\beta}{1-\alpha}}, & si\ \lambda = 2, \\ \\ \delta(x)^{\frac{(2-\lambda)(1-\beta)}{(1-\alpha)}}(L(\delta(x)))^{\frac{1-\beta}{1-\alpha}}, & si\ 1 + \frac{\alpha-\beta}{1-\beta} < \lambda < 2, \\ \\ \delta(x)(\int_{\delta(x)}^{\eta} \frac{L(t)}{t} dt)^{\frac{1-\beta}{1-\alpha}}, & si\ \lambda = 1 + \frac{\alpha-\beta}{1-\beta}, \\ \\ \delta(x), & si\ \lambda < 1 + \frac{\alpha-\beta}{1-\beta}. \end{cases}$$

Il en résulte que (1) admet une unique solution classique u vérifiant

$$u(x) \approx \begin{cases} (\int_0^{\delta(x)} \frac{L(t)}{t} dt)^{\frac{1}{1-\alpha}}, & si\ \lambda = 2, \\ \\ \delta(x)^{\frac{2-\lambda}{1-\alpha}}(L(\delta(x)))^{\frac{1}{1-\alpha}}, & si\ 1 + \frac{\alpha-\beta}{1-\beta} < \lambda < 2, \\ \\ \delta(x)^{\frac{1}{1-\beta}}(\int_{\delta(x)}^{\eta} \frac{L(t)}{t} dt)^{\frac{1}{1-\alpha}}, & si\ \lambda = 1 + \frac{\alpha-\beta}{1-\beta}, \\ \\ \delta(x)^{\frac{1}{1-\beta}}, & si\ \lambda < 1 + \frac{\alpha-\beta}{1-\beta}. \end{cases}$$

Exemple

Soit $\sigma < 1$, $\lambda \leq 2$ et $\mu \in \mathbb{R}$. Considérons le problème suivant

$$(1)\begin{cases} -\Delta u = \delta(x)^{-\lambda}(Log(\frac{\eta e}{\delta(x)}))^{-\mu}u^{\sigma}, & dans\ D, \\[2mm] u > 0, \ dans\ D, \qquad\qquad u|_{\partial D} = 0, \end{cases}$$

où $\eta > diam(D)$.

Soit L la fonction définie sur $]0, \eta]$ par :

$$L(t) = (Log(\frac{\eta e}{t}))^{-\mu}.$$

On vérifie facilement que la fonction $a(x) = (\delta(x))^{-\lambda}L(\delta(x))$ satisfait (a_3).

Par suite, le problème (1) admet une solution unique $u \in C^{2+\alpha}(D) \cap C_0(D)$ vérifiant

$$u(x) \approx \begin{cases} (Log(\frac{\eta e}{\delta(x)}))^{\frac{1-\mu}{1-\sigma}}, & si\ \lambda = 2\ et\ \mu > 1, \\[3mm] \delta(x)^{\frac{2-\lambda}{1-\sigma}}(Log(\frac{\eta e}{\delta(x)}))^{\frac{-\mu}{1-\sigma}}, & si\ 1+\sigma < \lambda < 2, \\[3mm] \delta(x), & si\ \lambda = 1+\sigma\ et\ \mu > 1, \\[3mm] \delta(x)(Log(Log\frac{\eta e}{\delta(x)}))^{\frac{1}{1-\sigma}}, & si\ \lambda = 1+\sigma\ et\ \mu = 1, \\[3mm] \delta(x)(Log(\frac{\eta e}{\delta(x)}))^{\frac{1-\mu}{1-\sigma}}, & si\ \lambda = 1+\sigma\ et\ \mu < 1, \\[3mm] \delta(x), & si\ \lambda < 1+\sigma. \end{cases}$$

Bibliographie

[1] Aizenman.M and Simon.B : Brownian motion and Harnack inequality for Schrödinger operators, Communicatons on Pure and Applied Mathematics 35 (1982), no. 2, 209-273.

[2] Armitage.D.H and Gardiner.S.J : Classical Potential Theory. Springer-Verlag, (2001).

[3] Ben.Othman.S, Mâagli.H, Masmoudi.S, Zribi.M : Exact asymptotic behavior near the boundary to the solution for singular nonlinear Dirichlet problems, Nonlinear Anal. 71 (2009) 4137-4150.

[4] Bliedtner.J and Hansen.W : Potential Theory. An Analytic and Probabilistic Approach to Balayage, Springer-Verlag, Berlin , New York, (1986).

[5] Chavel.Isaac : Eigenvalues in Riemannian Geometry. Academic Press, New York, (1984).

[6] Chung.K.L and Zhao.Z : From Brownien Motion to Schrödingers Equation. Springer, Berlin, (1995).

[7] Cui.S, Existence and nonexistence of positive solutions for singular semilinear elliptic boundary value problems, Nonlinear Anal, 41 (2000) 149-176.

[8] Dautry.R, Lions.J.L, et al. : L'opérateur de Laplace, Analyse mathématique et calcul numérique pour les sciences et les techniques, coll. CEA, Vol. 2, Massson, Paris, (1987).

[9] Gilbarg.D, Trudinger.N.S : Elliptic Partial Differential Equations of Second Order, third ed., Springer Verlag, Berlin, (1983).

[10] Kalton.N.J and Verbitsky, I,E : Nonlinear equations and weighted norm inequalities, Trans. Amer. Math. Soc. 351(9) (1999), 3441-3497.

[11] Lazer.A.C, Mckenna.P.J, Asymptotic behaviour of solutions of boundary blowup problems, Differential Integral Equations 7 (1994) 1001-1019.

[12] Mâagli.H : Inequalities for the Riesz Potentials, Archives of Inequalities and Applications 1 (2003) 295-304.

[13] Mâagli.H : Asymptotic behavior of positive solutions of a semilinear Dirichlet problem. Nonlinear Analysis 74 (2011) 2941-2947.

[14] Mâagli.H, Zribi.M, Existence and estimates of solutions for singular nonlinear elliptic problems, J. Math. Anal. Appl. 263 (2001) 522-542.

[15] Port.S and Stone.C : Brownien Motion and Classical Potential Theory. Academic Press, New York, (1978).

[16] Seneta.R : Regular varying functions, Lectures notes in Math. Springer Verlag, Berlin, 508 (1976).

[17] Zhang.Qi.S : The Boundary Behavior of Heat Kernels of Dirichlet Laplacians, J. Diff. Eq 182, (2002) 416-430.

[18] Zhang.Z : The asymptotic behaviour of the unique solution for the singular Lane-Emden-Fowler equation, J. Math. Anal. Appl. 312 (2005) 33-43.

[19] Zhao.Z : Green function for Schrödinger operator and conditioned Feynman-Kac gauge, J. Math. Anal. Appl. 116 (1986) 309-334.

[20] Zhao.Z : On the existence of positive solutions of nonlinear elliptic equations. A probabilistic potential theory approach, Duke Math. J. 69 (1993) 247-258.

www.ingramcontent.com/pod-product-compliance
Lightning Source LLC
Chambersburg PA
CBHW020316220326
41598CB00017BA/1572